端面弧齿结构与强度

袁淑霞　著

中国石化出版社

内 容 提 要

本书介绍端面弧齿的工作原理、结构及特点、齿面方程、所用材料、强度计算方法，根据 ASME 锅炉及压力容器规范以及国内压力容器分析设计标准 JB 4732—1995（2005 年确认），给出其强度判定准则；提出针对端面弧齿结构的接触界面刚度计算方法，对端面弧齿结构进行动力学分析，并根据动力学响应计算端面弧齿的动应力并对其分布特性进行分析；研究叶片失谐和端面弧齿失谐时转子的动态响应及动应力分布规律；最后介绍了对端面弧齿的均匀预紧方法。

本书可为从事燃气轮机、汽轮机、航空发动机及转子动力学研究等领域的工程技术人员和科研人员提供参考。

图书在版编目（CIP）数据

端面弧齿结构与强度/袁淑霞著. —北京：中国
石化出版社，2022.1
ISBN 978－7－5114－5678－6

Ⅰ.①端⋯ Ⅱ.①袁⋯ Ⅲ.①齿轮－研究
Ⅳ.①TH132.429

中国版本图书馆 CIP 数据核字（2022）第 012243 号

中国石化出版社出版发行

地址：北京市东城区安定门外大街 58 号
邮编：100011   电话：(010)57512500
发行部电话：(010)57512575
http://www.sinopec-press.com
E-mail:press@ sinopec.com
北京富泰印刷有限责任公司印刷
全国各地新华书店经销
*
710×1000 毫米 16 开本 12 印张 201 千字
2022 年 5 月第 1 版   2022 年 5 月第 1 次印刷
定价:66.00 元

前　言

随着我国"碳达峰、碳中和"等减排二氧化碳目标的提出，天然气作为碳氢比较低的能源，更加有利于电力生产的清洁化。天然气是清洁的优质能源，其热值高，不含灰分，容易燃烧完全，在我国能源消费市场中占据重要的地位。使用天然气进行发电的燃气轮机是动力发电的核心装备，广泛应用于能源、交通、航空、国防等领域，因关乎国家能源安全和国防安全而成为"国之重器"。但由于高新技术密集且研发过程复杂，重型燃气轮机被誉为制造业"皇冠上的明珠"。历经 70 多年的发展，目前重型燃气轮机的初温已接近 1700℃，极端的高温服役环境对燃气轮机的设计提出了严峻挑战。

端面弧齿是重型燃气轮机转子的关键部件之一，端面弧齿及其连接的转子承受其本身及叶片的离心力、气动力、温度应力等，转子良好的可靠性是燃气轮机安全稳定运行的基础。而端面弧齿结构复杂，加之涉及接触问题，理论分析难度较大，一直没有形成系统的理论。本书以端面弧齿的结构与强度设计为基础，对端面弧齿的结构、材料进行介绍；采用锅炉与压力容器设计准则对端面弧齿的安全性进行研究；基于接触理论研究端面弧齿接触刚度，提出端面弧齿转子刚度计算模型，在此基础上提出了转子动应力的计算模型；针对端面弧齿转子的特殊结构，提出叶片失谐和拉杆失谐时转子刚度的计算模型以及叶片失谐和拉杆失谐时端面弧齿应力应变的分析方法，最后对端面弧齿结构的均匀预紧方法进行了探讨。

全书共分为 7 章。

第 1 章：重型燃气轮机及其转子结构特征。首先介绍重型燃气轮机的技术特点及其发展趋势，对燃气轮机的承载结构——转子的结构及特点进行分析，结合端面弧齿转子的研究现状，针对端面弧齿的特点及其安全性的要求，提出采用 ASME 锅炉及压力容器规范以及国内压力容器分析设计标准 JB 4732—1995

（R2005）《钢制压力容器——分析设计标准》，建立其强度判定准则。

第2章：重型燃气轮机端面弧齿结构与材料。讲述端面弧齿的起源、结构特点及其特征参数，据此建立端面弧齿的齿面方程。结合燃气轮机的高温服役环境，介绍了燃气轮机中端面弧齿和拉杆常用的高温合金材料。

第3章：端面弧齿强度设计准则。介绍结构完整性分析中常用的强度理论，包括最大拉应力强度理论、最大伸长线应变理论、最大剪应力强度理论、形状改变比能强度理论以及莫尔强度理论。在此基础上针对锅炉、压力容器以及重型燃气轮机等重要设备，根据分析设计方法提出了防止塑性垮塌的设计理论。

第4章：端面弧齿净应力分布及接触状态分析。介绍有限元法的基本原理及非线性分析方法，以及非线性有限元法在端面弧齿强度分析中的应用；端面弧齿有限元分析模型的建立方法、网格划分方法、边界条件施加方法以及应力评定标准。最后给出预紧力、离心力、扭矩力、温度场等运行工况及参数对端面弧齿应力分布的影响规律。

第5章：端面弧齿动力学特性及动应力分布。首先根据端面弧齿转子接触界面的特点提出拉杆转子等效抗弯刚度模型，对不同表面粗糙度以及不同预紧力的接触界面刚度进行计算。根据转子等效刚度，计算转子的动态响应，得到不同位置的振动幅值和相位，将动态响应对应的动态位移与端面弧齿转子有限元模型结合，给出端面弧齿在不同工况下的动应力分布规律。

第6章：失谐状态下端面弧齿应力分布规律。提出叶片失谐时转子动态响应的计算方法；并提出拉杆失谐时转子等效刚度的计算方法及动态响应的计算方法。得到了叶片失谐和拉杆失谐对端面弧齿应力分布的影响规律。

第7章：拉杆预紧方式和预紧程度对端面弧齿应力分布的影响。根据弹性交互作用，分析了拉杆顺序预紧、星形预紧、顺序分组预紧和星形分组预紧方式对拉杆应力及端面弧齿接触界面应力分布的影响。根据预紧过程中弹性交互的作用规律，提出一种基于位移的均匀预紧方法；根据预紧过程中端面弧齿的应力变化规律，初步探讨了拉杆预紧力的确定原则。

本书获"西安石油大学优秀学术著作出版基金"资助，在此深表感谢！

端面弧齿结构复杂，涉及学科较多，且工程实践性强，本书仅针对强度问题及其设计方法进行了探讨，只探及冰山一角，尚有许多问题需要研究和实践。由于作者水平有限，书中不足和问题在所难免，恳请读者和专家批评指正。

目　　录

第1章 重型燃气轮机及其转子结构特征

1.1 重型燃气轮机技术特点及发展趋势

燃气轮机(Gas Turbine)是一种以连续流动的气体作为工质,把热能转换为机械功的旋转式动力机械,燃气轮机广泛应用于能源、交通、航空、国防等领域,燃气轮机技术是21世纪动力的核心技术。在能源领域,重型燃气轮机更是能源发展的重大核心装备。重型燃气轮机通常由压气机、燃烧室和高温透平三大核心部件组成。工作时压气机连续地从外部吸入空气,通过压气机压缩使其压力升高,压缩后的空气进入燃烧室,与喷入的燃料混合后燃烧,生成的高温高压烟气进入高温透平中膨胀做功,推动涡轮叶轮带着压气机叶轮一起旋转;加热后的高温燃气的做功能力显著提高,因而燃气涡轮在带动压气机的同时,尚有余功作为燃气轮机的输出机械功。做功后的乏气从出气口排出,成为废气,废气排入大气中或再加利用(如利用余热锅炉进行联合循环)。通常将压气机(Compressor)、燃烧室(Combustor)和燃气透平(Turbine)称为燃气轮机的三大核心部件(图1-1)。

图1-1 通用9HA重型燃气轮机

燃气初温和压气机的压缩比，是影响燃气轮机效率的两个主要因素。提高燃气初温，并相应提高压缩比，可使燃气轮机效率显著提高。目前重型燃气轮机的初温已超过 1600℃。

从 1939 年世界第一台发电用重型燃气轮机诞生以来，经过 80 多年的技术进步和企业重组，美国通用电气、德国西门子能源和日本三菱重工各自形成了完整的技术体系和产品系列并垄断了全球市场。

美国通用电气公司(GE Power)成立于 1892 年，总部位于美国纽约斯克内克塔迪（网址：https：//www.ge.com/power），是美国通用公司旗下的子公司。通用电气在全球燃气轮机、航空发动机和船用燃气轮机市场占有率全部保持第一，可以向燃气轮机市场提供 E 级、F 级和 H 级技术。主要产品：TM2500（34MW｜50/60 Hz）、LM2500（34MW｜50/60 Hz）、LM6000（59MW｜50/60 Hz）、LM9000（76MW｜50/60 Hz）、LMS100（116MW｜50/60 Hz）、6B.03（44MW｜50/60Hz）、6F.01（57MW｜50/60Hz）、6F.03（88MW｜50/60Hz）、GT13E2（210MW｜50Hz）、7E.03（91MW｜60Hz）、9E.03（132MW｜50Hz）、9E.04（145MW｜50Hz）、7F.04（198MW｜60Hz）、7F.05（239MW｜60Hz）、9F.03（265MW｜50Hz）、9F.04（288MW｜50Hz）、9F.05（314MW｜50Hz）、7HA.01/7HA.02（384MW｜60Hz）、7HA.03（430MW｜60Hz）、9HA.01（448MW｜50Hz）、9HA.02（571MW｜50Hz）。其中 H 系列为世界上最高效的燃气轮机。

西门子能源公司(Siemens Energy)成立于 1847 年，总部位于德国柏林和慕尼黑（网址：https：//www.siemens-energy.com），是全球领先的燃气轮机制造商之一。西门子燃气轮机以其高可靠性和低维护性而在客户中备受青睐。主要的重型燃气轮机产品：SGT6-2000E［117 MW(e)｜60 Hz］、SGT5-2000E［187 MW(e)｜50 Hz］、SGT6-5000F［215-260 MW｜60 Hz］、SGT6-8000H（310 MW｜60 Hz）、SGT5-4000F（329 MW｜50 Hz）、SGT6-9000HL（405 MW｜60 Hz）、SGT5-8000H（450 MW｜50 Hz）、SGT5-9000HL（593 MW｜50 Hz）。

三菱重工(Mitsubishi Heavy Indusyties)成立于 1884 年，总部位于日本东京港区（网址：https：//power.mhi.com）。三菱重工相承美国西屋公司的燃气轮机制造技术，通过一系列改革创新，整合空气动力学技术、冷却技术、材料技术，形成了高效、可靠的重型燃气轮机品牌。三菱重工提供发电功率 40～574MW 的各种燃气轮机，目前 J 系列燃气轮机透平进口温度超过了 1600℃。主要产品：FT8

MOBILEPAC（29 MW/31 MW｜50Hz/60Hz）、FT8 SWIFTPAC 30（31MW｜50Hz/60Hz）、FT8 SWIFTPAC 60（62MW｜50Hz/60Hz）、FT4000 SWIFTPAC 70（70MW｜50Hz/60Hz）、FT4000 SWIFTPAC 140（140MW｜50Hz/60Hz）、H－25 系列（41MW｜50Hz/60Hz）、H－100 系列（116.4MW/105.7 MW｜50Hz/60Hz）、M501D 系列（113.95MW｜60Hz）、M501F Series 系列（185.4MW｜60Hz）、M501G 系列（267.5－283MW｜60Hz）、M501J 系列（330－435MW｜60Hz）、M701D 系列（144.09MW｜50Hz）、M701F 系列（385MW｜50Hz）、M701G 系列（334MW｜50Hz）、M701J 系列（448－574MW｜50Hz）。

除三大公司外，安萨尔多公司也是重型燃气轮机的领先制造商之一，成立于 1853 年，总部位于意大利热那亚的安萨尔多公司（网址：https：//www. ansaldoenergia. it）。早期曾是西门子燃气轮机产品的代工厂，后随着自主研发投入和 2016 年对法国阿尔斯通燃气轮机资产（位于瑞士巴登）的收购，使其成为全球最大的燃气轮机制造商之一，逐步形成一系列独具特色的重型燃气轮机产品。安萨尔多公司提供 E 级、F 级和 H 级技术领域的产品，功率输出范围从 80MW 到 538MW。安萨尔多公司是全球唯一一家拥有第三方燃气轮机技术的公司，可以为自家产品以及竞争对手生产的燃气轮机和发电机提供售后维修维护服务。主要产品：AE64.3A（80MW｜50Hz/60Hz）、AE94.2（190MW｜50Hz）、AE94.3A（340MW｜50Hz）、GT26（370MW｜50Hz）, GT36－S6（369MW｜60Hz）和 GT36－S5（538MW｜50Hz）。

为了在竞争激烈的市场中保持竞争力，主要燃气轮机制造商不断开发和集成先进技术，例如与电池组实现储能发电、配备燃氢燃烧室、提供可以根据客户要求定制的产品，预计所有这些因素将成为未来几年全球燃气轮机行业增长的主要驱动力。目前，先进的 J 级燃气轮机的最大功率为 574MW，初温为 1600℃，压气机压缩比约 40，单循环效率接近 41%，联合循环效率超过 60%。随着研究的深入，初温达到 1700℃ 的燃气轮机也即将问世（图 1－2）。

今后燃气轮机发展趋势是：①进一步提高温度、压力，从而进一步提高机组的功率效率等性能；②适应燃料多样性的需求；③改变基本热力循环，采用新工质，完善控制系统，优化总体性能。而这需要依赖材料技术、流动及传热技术、气动技术、燃烧技术等一系列技术的进步和发展。

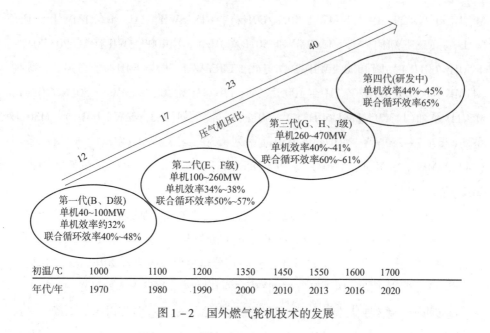

初温/℃	1000	1100	1200	1350	1450	1550	1600	1700
年代/年	1970	1980	1990	2000	2010	2013	2016	2020

图 1-2　国外燃气轮机技术的发展

1.2　重型燃气轮机转子结构及特点

燃气轮机的转动部分包括转子和叶片。叶片是重型燃气轮机中实现能量转换的核心部件，一台燃气轮机中有将近 4000 只叶片，叶片的安全稳定运行是燃气轮机性能的保证。转子是固定叶片和实现叶片运行的核心部件，重型燃气轮机叶片通常采用图 1-3 所示的榫槽结构与转子中的叶轮连接，转子承受其本身及叶片的离心力、气动力、温度应力等，转子的安全是燃气轮机安全稳定运行的基础。重型燃气轮机转子结构复杂，体积庞大，且部分叶轮需要加工内部冷却通道，无法采用整体结构，多采用分段结构。重型燃气轮机转子结构可分为鼓筒式、盘式和盘鼓式三类。鼓筒式因强度及刚度

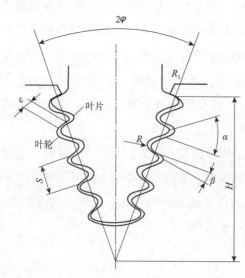

图 1-3　叶轮与叶片的榫槽连接结构

差等原因，未在重型燃气轮机中采用。在重型燃气轮机中，广泛采用盘式及盘鼓式结合的转子形式。转子的连接有焊接式和螺栓连接两种形式。

焊接转子的特点是轮盘个数少于透平动叶的级数，即若干级轮盘组成一个焊接单元，将轮盘在轮缘处焊接起来，就成为焊接转子。焊接转子的外径与动叶底部流道平齐，以适应静叶无内环的等内径流道。焊接转子连接可靠，强度高，轮盘之间不会发生横向位移错动，焊接部位又具有很好的传扭性，但转子形状复杂，对加工水平和焊接水平要求较高，且转子不可拆卸，只能整体更换，此外转子内部冷却受到限制，也限制了透平端进气温度。仅阿尔斯通公司（后被安萨尔多公司收购）的燃气轮机转子采用焊接结构。

螺栓连接的转子包括两类，分别是中心拉杆和周向分布式拉杆连接结构。中心拉杆转子具有代表性的是西门子公司燃气轮机转子，由一根中心拉杆将压气端轮盘、透平端轮盘、前后轴头、用于传扭的中空轴串联起来，在拉杆两端用螺母锁紧。周向分布式拉杆转子具有代表性的是通用公司和三菱公司重型燃气轮机转子。

拉杆转子有三种不同的传递扭矩方案：第一种是以通用重型燃气轮机为代表的在压紧端面处有轴向销钉，转子靠轴向销钉与压紧面摩擦力共同传扭，各轮盘之间靠位于压紧端面处内表面的止口对中；第二种是以三菱重型燃气轮机压气端为代表的在叶根底部两轮盘压紧端面处装有骑缝径向销钉，且销钉中心线位于压紧面上，转子靠销钉传扭，各轮盘之间靠位于轮盘中心处的止口对中；第三种是以西门子重型燃气轮机以及三菱重型燃气轮机透平端为代表的端面齿式转子，这种传扭结构是在轮盘的压紧面处加工端面齿，两轮盘之间在端面齿处被压紧啮合后实现可靠的对中和传扭，因而不再需要定位止口。西门子重型燃气轮机的端面齿是三角形齿（也称为 Hirth 端面齿），而三菱重型燃气轮机继承了原西屋燃气轮机的端面弧齿（Curvic couplings）结构。Hirth 端面齿和 Curvic couplings 端面齿的优点是连接定位可靠、定心精确、结构稳定性好、承载能力强，满足强度、振动和寿命要求等，并可通过多次预紧、磨合进一步提高其定位精度。此外，轮盘之间可以相互滑动以减少因热膨胀引起的轮盘相互作用力，尤其适合在燃气轮机热端使用。

本书介绍端面弧齿的结构、齿面方程、强度计算方法，根据 ASME 锅炉及压力容器标准和国内压力容器分析设计标准 JB 4732—1995（R2005）《钢制压力容

器——分析设计标准》，给出其强度判定准则，最后对端面弧齿的均匀预紧方法
进行介绍。

端面弧齿是重型燃气轮机中连接透平叶轮的关键部件，对重型燃气轮机的安
全运行起着至关重要的作用，端面弧齿在重型燃气轮机中的位置如图 1-4 所示。
由于端面弧齿结构复杂，并且转子不再是整体，其中存在接触界面，给重型燃气
轮机转子的研究工作带来一定困难。端面弧齿的存在使得重型燃气轮机的拉杆转
子与普通整体转子在强度和动力学等方面存在一定差别。端面弧齿的接触界面使
转子的结合力不再是分子间力，这会造成材料使用性能的削弱，如按整体转子建
立其强度理论，得到的结论将严重失真。因此，有必要建立针对该类转子强度分
析理论。

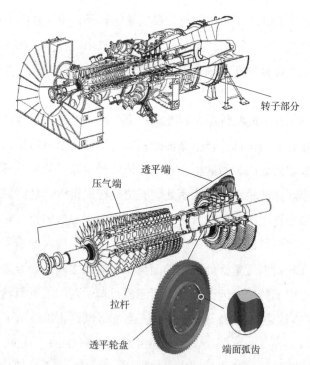

图 1-4　重型燃气轮机及端面弧齿示意图

目前，端面弧齿强度分析中需要重点解决的几个关键问题如下：

第一，端面弧齿应力应变的研究问题。由于端面弧齿形状特殊，受力时齿的
不同部位将会产生不同的应力状态，并有可能造成应力集中，因此对端面弧齿应
力分布进行分析，并探讨改进设计、改善应力分布的方法是端面弧齿研究中的重

要部分。此外，端面弧齿在拉杆受热或松弛时预紧力会发生相应变化，同时也将引起转子刚度的变化；而端面弧齿在离心力作用下，会产生径向滑移，这可以减小轮盘和端面弧齿处的内应力（由于各轮盘质量不同，旋转时产生的离心力也不同，如果强行让其径向位移一致则会产生很大内应力）。但径向滑移量必须进行控制，否则会影响端面弧齿的接触面积，从而降低转子的强度和刚度。因此，通过协调减小应力和保证强度和刚度两方面来控制径向滑移量的研究，是掌握端面弧齿设计方法所需解决的关键问题。

第二，接触界面承受拉应力和压应力时所表现的不同特征使转子的刚度不再具有周期性，并且接触面波纹度和粗糙度等的影响使精确计算接触行为变得更加困难。因为接触界面无法承受拉力，只能靠预紧的拉杆承受拉力，这将导致其刚度与整体转子存在差别，并且由于接触界面的存在，转子受压侧和受拉侧的应力分布也不同于整体转子。后者在弯曲力作用下，中性层两侧具有相等的拉应力和压应力，而端面弧齿转子则由端面弧齿和轮盘部分承受压应力，拉杆承受拉应力，并且由于弯曲导致其应力分布不对称，使得端面弧齿应力随转子运行过程时刻变化，当应力变化较大时，将会引起接触界面的微动磨损。因此，研究端面弧齿的接触、应力应变、振动、疲劳等对端面弧齿乃至燃气轮机的设计有着重要意义。

第三，端面弧齿动应力的研究。端面弧齿转子运动时将产生动态弯曲，该弯曲亦会对端面弧齿产生附加的动应力，由于转子在使用前已存在一定的预紧力，预紧力与动应力的叠加进一步增加了端面弧齿的应力，如何计算端面弧齿的动应力，对其影响进行评估也是需要解决的关键问题。

第四，关于失谐对端面弧齿应力分布的影响问题。由于重型燃气轮机的拉杆转子为周期对称结构，拉杆预紧时的失谐或弹性交互作用导致的预紧力不均匀，将会造成端面弧齿转子刚度各向异性和端面弧齿应力分布状态的改变，从而影响转子稳定性。除拉杆失谐外，叶片失谐也会对端面弧齿转子的运行产生不利影响。由于重型燃气轮机透平端叶片质量较大，因此如发生失谐或断裂会对端面弧齿强度造成严重影响。对于拉杆连接的端面弧齿转子而言，拉杆的预紧方法也决定了转子的使用性能，因此，如何获得均匀的预紧力以及预紧力大小如何确定也有待研究。

此外，燃气轮机工作时的高温对端面弧齿以及其他零部件性能造成的影响和破坏也是需要解决的难点。

1.3 端面弧齿结构与强度研究

1.3.1 端面弧齿应力应变研究

端面弧齿独特的形状使得其应力特征与整体结构甚至与普通的连接结构都有很大差别，多年来对其研究工作虽已取得一定进展，但难以形成系统理论。主要研究包括：美国通用电气公司的 Pisani 和 Rencis 采用有限元和边界元法研究了单个齿非接触模型，得出端面弧齿的应力集中因子[1,2]；英国诺丁汉大学的 Richardson 等通过光弹实验验证了接触有限元法计算端面弧齿接触应力的可行性[3]，此外，他们也研究了航空发动机端面弧齿转子的拉杆在叶片断裂情况下的应力情况[4]，但侧重点在拉杆，没有涉及端面弧齿应力的研究；王秋允采用 ANSYS 软件分析了高速转向架空心轴上端面齿的载荷分布对接触状态的影响[5,6]。以上研究主要考虑了静载下的应力分布及应力集中问题，没有考虑动应力的影响。

关于端面弧齿结构对应力分布影响的研究有：黄庆南从静力学的角度讨论了QD128 燃机动力涡轮圆弧端齿的设计问题[7]；刘笃喜进行了基于 Pro/Mechanic 的端齿弧齿齿廓的优化设计研究[8]；Muju 和 Sandoval 对端面弧齿齿根进行了优化，从减小应力集中角度提出复合圆角设计，即在齿根处采取两种半径的倒圆角结构[9]；吴鸿雁采用 Gleason 标准对端面弧齿的设计及受力进行了分析[10]，但该标准在设计和受力分析时只考虑扭矩的影响，该设计可以满足起分度作用的端面弧齿要求，但重型燃气轮机转子，工作时不但有扭矩的作用，离心力的作用同样不容忽视；袁淑霞等[11,12]采用有限元法对端面弧齿在不同载荷下的静应力进行了分析；罗凯琳[13]基于疲劳理论对端面弧齿进行了优化分析，在重型燃气轮机中，由于轮盘较大，拉杆较长，离心力的影响甚至大于扭矩力的影响；中国航空动力机械研究所的尹泽勇院士在《现代燃气轮机转子循环对称接触应力分析》一书[14]以及文章[15]中采用计算力学及实验力学方法研究了现代燃气轮机转子的受力特征，针对其循环对称接触或分区循环对称接触受力特征、体－壳组合结构特点及转子各部位应力分布梯度差别较大等特点，建立了现代燃气轮机转子的有限元应力分析方法，用来解决复杂的端面弧齿接触问题。主要针对中心拉杆，重点是航空发动机上的端面弧齿。而大多数重型燃气轮机的端面弧齿结构转子是通过周向拉杆连接的，周向拉杆与中心拉杆的不同之处在于转子旋转时周向拉杆侧壁与轮盘孔的随动接触，该接触可使拉杆产生弯曲，改变拉杆应力分布状态，并且拉杆周向预紧不均还会导致转子的动力学奇异，而中心拉杆则无此现象。

相对于静应力的研究，目前关于动应力的研究很少，而针对端面弧齿动应力的研究则几乎没有。可以参考的动应力研究成果包括：Cavatorta 采用有限元法研究汽车上螺栓连接结构循环载荷下的动应力以及疲劳问题[16]；Whalley 计算了轴承 – 转子系统的动应力问题，但不涉及拉杆结构[17]；Purcell 采用了 NASTRAN 软件分析了燃气轮机叶轮的动应力问题[18]；袁淑霞[19]采用将动力学分析与应力分析结合的方法分析了端面弧齿的动应力。首先对端面弧齿连接的转子进行动力学分析，得到其阵型，再将其弯曲状态作为位移载荷施加于转子轴向各位置，进行静力学分析，间接得到端面弧齿的动应力。

端面弧齿应力应变研究的难点在于转子结构刚度的确定，转子在预紧，承受离心力、扭矩力、弯曲力等每一过程中刚度都会发生变化，并且刚度还随着转子运行位置而变化，甚至随着时间变化。仅就预紧过程而言，转子刚度的确定已经无法做到精确，再加上复杂的运动过程产生的动刚度，使得转子刚度的确定更加困难。预紧过程中拉杆基本处于单向应力状态，其刚度容易确定[20]，但轮盘应力状态十分复杂，刚度的确定也相对困难，因此刚度研究的难点在于端面弧齿刚度和轮盘刚度的确定。抛开端面弧齿结构，关于预紧过程螺栓连接结构刚度的研究有很多，如 Ziada 从应力和变形角度，Allen 采用有限元法通过计算应变能方法研究了螺栓连接结构的刚度问题[21,22]；Pedersen 通过有限元法得到螺栓和连接件的刚度比[20,23]；Bouzid 基于一定假设，推导了螺栓连接结构中螺栓、法兰和垫圈的刚度与几何尺寸的关系[24]；Nassar研究了循环载荷下螺栓刚度变化问题[25]；Lehnhoff 提出计算螺栓连接刚度的分析模型，并采用有限元法进行了分析[26,27]。在该模型中，假设沿拉杆轴向应力均匀分布，并且沿轴线形成一个对称的锥形包络（图 1 – 5），考虑该包络

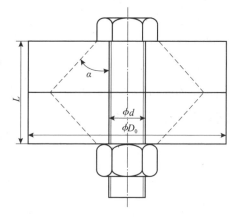

图 1 – 5　连接件刚度计算的锥形包络模型

内的体积，得到连接件的刚度计算公式，但该模型没有考虑连接件尺寸的影响。Nassar 在此基础上进一步考虑连接件尺寸的影响，使刚度的确定更加准确[28]。

此外还有很多近似方法给出的经验公式，但以上方法只适用于简单模型，并且是一种近似方法，复杂的端面弧齿连接结构则无法通过现有模型计算。

端面弧齿应力应变研究通常需测试材料内部应力，该测试大多采用光弹实验[3,29]，优点是可以反映材料内部应力。但该方法属于破坏性实验，改变工况时必须重新加工端面弧齿，并且也无法测试动态应力变化。所用材料大多是环氧树脂，其材料特性与工程用钢有很大差别，所得结论难以直接应用于工程项目。

1.3.2　端面弧齿动力学特性研究

转子动力学的发展已有 100 多年历史[30]，从简单的 Jeffcott 转子，到复杂的多支承转子、轴承、密封、阻尼乃至基础动力学的研究，从线性研究到非线性研究，使得转子动力学理论日趋完善。然而不断提出的新课题形成了更多的转子动力学领域，如对特种转子的研究，特种转子是指结构形式不同于整体转子，而是采用某些工艺组合在一起的转子，例如重型燃气轮机上使用较多的拉杆转子。拉杆转子是通过一根中心拉杆或多根周向拉杆将各级轮盘组合在一起的结构。为了在接触界面传递扭矩，通常采用端面弧齿或传扭销结构。由于接触界面的存在，使得该处的纤维不再连续，导致了转子刚度的降低，这会对转子的应力分布以及动力特性造成一定影响，因此，如何计算该类转子的动力学特性也是需要研究的问题。

由于接触表面的存在，端面弧齿连接转子的动力学行为也与整体转子有所不同，以往动力学分析中往往将其当成整体转子，并对刚度进行修正，但修正系数的确定大多缺乏科学依据。

拉杆结构动力学方面相关的研究有：尹泽勇等通过将端面弧齿等效成梁单元分析了端面弧齿转子的等效刚度[31,32]；Ouyang 用理论和实验方法研究了动态扭矩载荷下螺栓连接结构的动特性[33]；Fukuoka 通过实验和有限元法分析了螺栓连接结构的自由振动问题[34]；Ahmadian 通过实验识别得出接触界面的切向和法向刚度，并将接触界面模型考虑进有限元模型中，探讨了接触区的建模方法[35]；Janssen 和 Joyce 对西门子公司的端面弧齿连接转子的设计方法进行了综述[36,37]，对该类转子的动力学计算采用了有限元法，没有提出具体的动力学模型；Moore

等通过实验对比研究了整体式和拉杆连接离心压缩机转子的动力学特性[38]，得出拉杆转子的临界转速及动力学稳定性均高于整体转子，但他们所采用的转子仅有 2 级轮盘，而实际透平机械的拉杆转子轴向都很长，二者所表现的振动形式也有所不同；饶柱石等建立了拉杆转子的动力学模型，采用模态综合法对拉杆转子进行了研究[39,40]，该模型仍与端面弧齿连接结构有一定差别；很多学者对螺栓连接结构的设计及动力学特性做了研究[41-44]，大多从预紧或螺栓松弛角度研究，没有涉及转动，不考虑惯性力、陀螺力矩等；Bannister 提出法兰连接及端面弧齿连接结构中弯曲刚度的设计图表[45]，但没有考虑接触界面对其抗弯刚度的影响。

由于接触界面的存在，使得该处的材料不再连续，必须通过预紧后实现承载，而预紧过程会对转子的应力分布以及动力特性造成一定影响。由于预紧力作用，转子在使用前已有一定预应力，该预应力与动应力叠加时会使转子应力增加，对转子的使用不利，同时预紧又使转子接触界面刚度增加，又对转子的使用有利，这使得拉杆预紧力的确定过程变得极为复杂。合适的预紧力能够增加转子的刚度，减小振动，并且不会因为应力过大或过小导致端面弧齿的破坏。因此设计时除了要使转子转速远离临界转速，也要对转子预紧力大小进行评估，使转子工作在合理的应力水平下。

拉杆转子结构不同于普通的螺栓连接结构，后者的失效一般只涉及预紧螺栓的松弛和振动，而拉杆转子受力情况十分复杂，不仅有装配时的预紧力，还有转动时的离心力以及扭矩力，更有工作时产生的动态弯曲力。与整体转子相比，周向已不再是中心对称结构，只有采用三维模型才能完整地反映端面弧齿和拉杆的应力情况。而接触界面处摩擦力的存在，使研究工作变得更为复杂。

此外，接触界面不可能做到理想光滑，而是存在表面粗糙度和波纹度，表面粗糙度和波纹度使得接触面积减小，影响了接触界面的刚度，也在一定程度上导致了转子等效刚度的降低。当固体表面发生接触时，实际的接触仅发生在微凸体上，这些微凸体接触所形成的真实接触面积只占名义接触面积的很小一部分。因此建立考虑表面形貌的接触理论，计算微凸体实际接触面积以及接触应力对于端面弧齿转子动力学特性的研究也必不可少。关于粗糙表面接触面积和接触应力的研究可以追溯到1957 年，当时 Archard 提出了多层微凸体模型，得到真实接触面积和载荷之间的指数关系模型[46]，Archard 模型从某种程度上奠定了分形理论的基础。1966 年，Greenwood 和 Williamson 提出 GW 模型[47]，并且引入塑性指数来表征表面的弹性或塑性接触特性。该模型假设接触表面微凸体的分布符合 Gaussian 分布(这与用表面轮廓仪测量所得结果基本一致)，当该表面与光滑平面相接触时，每个微凸体的接触规律符合 Hertz 公式，从而将随机模型引入了真实接触面积的计算，使得接触问题的研究获得了重大进展，但该模型假定所有微凸体的顶端半径相等，这与实际情况有较大的差别，此外，它没有引入自相关函数的概念，即忽略了接触过程中两相邻微凸体间的相互作用。此后，Whitehouse 和 Archard 在研究中引入自相关模型[48]，考虑了相邻微凸体之间的作用。而 Greenwood 本人在 1985 年和 1997 年的两篇文章中，将微凸体的球形假设改成了椭球[49,50]，2006 年，Greenwood 修正了 GW 模型中塑性指数的表达形式[51]。此外，随机分布模型中以 Nayak 为代表的塑性接触模型也很有代表性[52-54]，但影响力不如 GW 模型。随着人类对自然界认识的加深，1982 年，Mandelbrot 的《大自然的分形几何学》使得"分形"逐渐被世人所接受[55]。采用分形几何学研究界面接触问题最有影响力的是 Majumdar 和 Bhushan 提出的 MB 模型[56-58]。分形模型对粗糙表面形貌的描述更为准确，就连 GW 模型的提出者后来也不得不承认 GW 模型中假设所有微凸体的半径相同不够合理，而分形模型中多尺度的微凸体半径更加符合自然界规律[59]。在摩擦磨损及润滑研究中，采用分形模型有重要意义。但对于重型燃气轮机的拉杆转子动力学问题，在高达上百兆帕的预紧力作用下，分型模型的多尺度特征对抗弯刚度的影响很小，加之接触界面处刚度与转子其他部位刚度相比小很多，因此采用 GW 模型计算接触界面处的等效刚度已能够满足精度要求。

　　Younghun Yu[60]等采用 GW 模型研究了端面弧齿连接结构刚度；Liu 等[61]采用三弹簧系统对端面弧齿结构刚度进行了理论研究；Yuan 等[62]认为端面弧齿转子的拉应力由拉杆承受，压应力由端面弧齿承受，从而提出该类转子的等效刚度模型。

1.3.3　失谐研究

　　端面弧齿连接的转子是一种典型的周期对称结构，而由于加工误差、材料特性和使用中的磨损等引起周期对称性的少量改变称之为失谐。目前对于失谐的研究主要集中于叶盘(blisk)结构[63-68]，即叶片和轮盘采用整体结构，此类结构中，轮盘一般比较单薄，叶片和轮盘间的振动具有强耦合关系，因此，大多研究叶片失谐所引起的叶片振动局部化现象，能够引起应力局部化的结构一般为弱耦合结构，即各叶片之间的耦合关系较弱。对于非整体叶盘结构，叶片和轮盘之间以榫头方式进行连接，通常轮盘刚度较大，其振动与叶片的耦合关系也较弱，一般单独将叶片作为悬臂结构采用 Campbell 图进行分析[69]。尽管此时可不考虑叶片失谐引起的应力局部化现象，但叶片失谐产生的不平衡质量，也会影响转子的动特性，尤其是重型燃气轮机转子透平叶片通常质量较大，对转子动特性的影响也较大。由于叶片失谐、局部断裂乃至全部断裂，造成转子局部质量偏心，更会导致转子振动状态的改变，对于端面弧齿连接转子，也会影响端面弧齿和拉杆的应力分布。因此，由于叶片失谐对端面弧齿及拉杆应力分布的影响也是影响端面弧齿安全的因素。

对于周向拉杆，存在另一种形式的失谐，即各个拉杆预紧不均匀时导致的失谐，如果一根拉杆的预紧力与其他拉杆不同，则该拉杆在转子弯曲时的受力与其他拉杆不同，从而导致转子抗弯刚度的改变，并产生刚度各向异性。周向拉杆的受力情况与拉杆所处位置有关，转子旋转导致失谐拉杆位置的周期性变化，从而引起转子弯曲刚度各向异性的时变性。这种失谐不同于叶盘的弱耦合结构的失谐，而是类似裂纹转子产生的刚度各向异性。

祝梦洁[70]通过实验方法对拉杆转子失谐状态下的动力学特性进行了研究；袁淑霞等[71]通过数值模拟方法研究了拉杆失谐引起的动刚度及动应力。

拉杆失谐问题属于刚度非对称问题，由于周向预紧力的不同或接触界面在弯曲应力作用下，受拉和受压部位由于接触应力不同导致的周向刚度不同都会使转子的周期性遭到破坏，从而引起动力奇异性问题。这一点与开闭裂纹转子既有联系又有区别，因此，如何描述该非对称因素，以及刚度非对称将如何影响端面弧齿动力学特性和应力分布也是要解决的问题。拉杆失谐对转子刚度的影响类似于裂纹转子的开闭效应，而裂纹转子刚度的计算已经有很多研究成果。对裂纹转子动力学研究的有文献[72-77]；关于不同裂纹对比的有文献[78-80]；关于裂纹转子稳定性的研究有文献[81，82]。此外，裂纹识别的研究有文献[83-89]。在拉杆失谐的转子中，旋转产生刚度各向异性与裂纹转子的开闭效应类似，可借鉴裂纹转子的研究方法。

1.3.4 预紧方法研究

对拉杆连接的端面弧齿转子而言，首先要完成装配过程，装配过程包括对心和预紧力的施加。Davidson 在 1976 年发表的文章《Minimizing Assembly Runout in Turbo - Machines Made with Curvic Couplings》中探讨了采用端面弧齿连接的透平机械中如何减小装配误差的问题[90]，但该问题在以后几十年并未见研究报道，可见，独特的弧齿结构已经能够实现自动对心。

端面弧齿转子主要应用于重型燃气轮机和航空发动机中，工作环境复杂，预紧力也会因工作环境的改变而改变，因而预紧过程十分重要，合适的预紧力可以增加转子的刚度和稳定性，并不会由于过载而导致转子破坏。Bickford 介绍了测量拉杆预紧力的扭矩法、应变仪法、超声波法[91]。Huang 采用光学方法实现实时监测拉杆的预紧力[92]。但扭矩法受摩擦力等影响，无法准确测量预紧力，其他方法虽能够检测拉杆螺栓的预紧力，但仍需研究一定的预紧方法，否则即使检测了预紧力，仍需花费大量时间来获得合适的预紧力，这与弹性交互作用有关。对于周向拉杆转子，为保持转子的各向同性，各拉杆应具有相同的预紧力。当拉杆预紧力不同时，不仅会改变转子的刚度，影响转子稳定性，还会影响转子的应力分布。然而由于预紧条件限制，各拉杆通常无法实现同时预紧，后面拉杆的预紧过程会改变已预紧拉杆的预紧力，这种现象被称为弹性交互作用(Elastic inter-action)[91]。关于弹性交互作用，目前研究最多的是带有垫圈的螺栓连接法兰结构，当各螺栓的预紧力不同时，可能导致泄漏以及个别螺栓的过载等问题。Alkelani 和 Nassar 从平面方程角度得出研究弹性交互作用的数学模型[93]，其基本原理是若要保持相同的预紧力，各螺栓预紧后的接触界面仍保持为平面。该方法通过预测后预紧螺栓对先预紧螺栓的影响程度，得到每个螺栓应该施加的预紧力，从而实现均匀预紧。但该方法的实现首先基于一定假设，即假设法兰刚度远远大于垫圈刚度，因此认为弹性交互作用仅由垫圈引起。事实上，预紧过程中法兰亦会被压缩，尤其是对于拉杆转子这类无垫圈结构，弹性交互主要由轮盘压缩引起。由于法兰和轮盘结构复杂，其刚度难以从理论上确定，因此也体现了该方法的局限性。Nassar 和 Alkelani 通过实验研究了各种因素对弹性交互的影响规律[94,95]。Abid 证明了采用有限元法研究弹性交互作用的可行性[96]，并采用数值方法计算了有垫圈结构和无垫圈结构的弹性交互作用[97]。Nassar 等研究了各种因素对获得均匀预紧力的影响，并提出了一次实现均匀预紧的方法，该方法采用的是倒序法，首先将各螺栓同时预紧，得到均匀的预紧力，然后按照预紧的反顺序，依次松掉螺栓，分别测量前一个螺栓的预紧力，然后按照得到的预紧力进行预紧[98]。Abasolo 提出一种四参数法（将预紧过程中的特征量考虑为四个参数）研究了预紧过程中弹性交互作用，但四个参数的值仍然需要通过有限元法得到[99]。Fukuoka 和 Takaki 结合实验数据提出影响系数法，根据实验设计不同的初始预紧力最终得到相同的剩余预紧力[100-102]，但该系数随着不同的结构会有所不同，并且有垫圈结构和无垫圈结构也不相同。端面弧齿拉杆转子属于一种无垫圈结构，其弹性交互作用主要是由端面弧齿及轮盘的压缩引起，需要研究无垫圈结构的弹性交互作用，提出无垫圈结构拉杆转子的预紧方法。

预紧力的研究中，除了要使各拉杆产生均匀预紧力，预紧力大小更直接影响到转子的使用性能。而关于预紧力大小的确定也一直没有定论，相关研究也较少。主要包括以下研究：

Czachor 研究了螺栓连接结构在故障工况下的动态预紧力以及拉杆和轮盘的结构设计问题[103]；Choudhury 采用有限元法研究了弯曲力作用下管法兰连接的螺栓最大预紧力问题[104]；吴建国将航空发动机中的端齿连接转子各零件进行简化，归并为圆盘、圆筒壳、圆杆及圆锥壳等四类结构，采用力学方法，得出气动力、离心力、机动载荷及热载荷引起的松弛公式，根据其松弛力的大小确定拉杆的最小预紧力[105]；尹泽勇、胡柏安等人通过力学分析方法，研究了航空发动机端面弧齿连接转子的应力计算及预紧力的确定问题[106-110]。但以上研究对刚度的计算多采用经验公式或有限元法，没有形成系统的理论。袁淑霞[111]提出一种减小弹性交互的端面弧齿均匀预紧方法；蒋翔俊等[112-116]对端面弧齿结构的拉杆松弛现象进行了研究。

综上所述，端面弧齿转子是一类复杂的特种转子，目前的研究集中在应力和动力学方面。应力研究大多数是基于中心拉杆转子，针对端面弧齿周向拉杆转子运行时各工况下的应力变化规律研究基本仍属空白。端面弧齿转子等效刚度确定的研究中，大多针对简单螺栓连接结构，无法应用到端面弧齿转子。因而端面弧齿刚度的确定还有大量工作要做。现有研究成果中，对端面弧齿应力的研究只考虑了静应力的影响，动应力的研究报道较少。动力学研究虽然取得了一定进展，仍然有大量问题需要解决。除应力和动力学研究外，失谐也会对端面弧齿转子应力分布和动力学特性造成影响。关于叶片失谐引起的应力局部化问题的研究方法已经基本成熟，但叶片失谐对转子应力分布的影响仍有待研究，除叶片失谐外，拉杆失谐也会造成转子刚度和应力分布的改变，这也是本书要探讨的问题之一。对拉杆连接的组合转子而言，预紧过程至关重要。现有研究成果对预紧过程进行了研究，也得到一些拉杆均匀预紧的方法，但已有的均匀预紧方法实施起来仍然存在一定不足，尚待继续研究，若应用于端面弧齿转子，还需进一步研究拉杆预紧方法对转子动力学特性和端面弧齿应力分布的影响。

第2章　重型燃气轮机端面弧齿结构与材料

2.1　端面弧齿简介

20 世纪 50 年代，西门子在开发其第一台重型燃气轮机时，选择了花键盘式转子概念，该转子是由单个中央贯穿的螺栓或拉杆以及单独的叶片轮盘组成，这些叶片轮盘通过位于端面的锯齿花键结合在一起，称为 Hirth 联轴器；1967 年美国西屋公司 20 MW 的 W251A 型燃气轮机采用了周向拉杆连接的端面弧齿联轴器，称为 Curvic Couplings，即端面弧齿联轴器。Hirth 联轴器和端面弧齿联轴器设计的基本原理是：中央拉杆或周向拉杆不传递任何扭矩，通过拉杆提供的足够的预应力将多个盘式转子紧密地连接在一起，透平机产生的全部扭矩通过端面弧齿联轴器传递到压缩机。中心拉杆和周向拉杆连接的重型燃气轮机见图 2 - 1 和图 2 - 2。

图 2 - 1　中心拉杆连接的重型燃气轮机

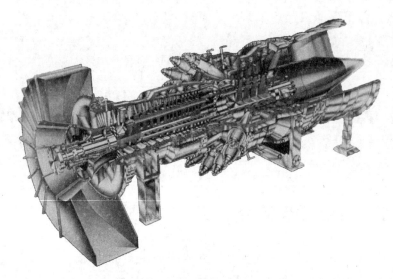

图 2-2 周向拉杆连接的重型燃气轮机

为获得更高的能量转换效率，用于发电的重型燃气轮机采用联合循环方式，而冷端驱动被证明是燃气轮机所有热电联产和联合循环应用的理想选择。但对转子而言，冷端驱动器实际上将传递给燃气轮机压缩机的扭矩增加了一倍，因为透平机不像热端驱动器那样直接驱动发电机，而是通过压缩机驱动发电机。端面弧齿的设计使其可以安全地传递最大可能的转矩，而无须依赖于接触齿面之间的摩擦，固有摩擦分量提供了附加安全裕度。

近年来，燃气轮机效率的大幅提高主要归因于采用越来越高的透平机进气温度，而进气温度的提高意味着需要对几乎所有的透平叶片进行内部冷却，从压气机的适当级抽取不同压力的空气用于冷却透平叶片。与焊接转子不同，端面弧齿连接的盘式拉杆转子可提供内部通道，通过这些通道可将冷却空气从压缩机引导至透平机，并实现快速温度均衡。

由于圆盘中拉杆孔的直径大于拉杆直径，即圆盘不与拉杆接触，拉杆孔和拉杆之间的环形间隙提供了空气循环通道，从而将热应力和低周疲劳降至最低。同时端面弧齿联轴器的锯齿形尖端形成的间隙使得空气在圆盘之间流通，在启停机条件下，确保转子的热径向膨胀与机器壳体的热径向膨胀相等。

此外，重型燃气轮机和航空发动机等超高温服役机组需要精确定位，以保证各组件沿发动机主轴对齐，不会因不对中而产生附加应力，影响转子强度及动力学特性。为使转子装配时容易实现精确定位，维修时方便实现再次对中，并且连接可靠，保证各组件的连续接触，在端面弧齿联轴器中，将啮合齿面的一侧设计成凹齿，另一侧设计成凸齿，二者曲率相同，由于弧齿的配合，可使端面弧齿联轴器各位置从圆心到外径的距离保持相同，从而实现精确定位。

端面弧齿连接转子不同于整体转子，在受到外载荷时端面弧齿处可能会发生接触、脱开、滑移等状态，并有可能产生振动。为使转子保持良好的强度和刚度，应尽可能让端面弧齿保持接触，严格避免脱开状态，为减小内应力，允许出现少量滑移，但滑移量应严格控制。

2.2　端面弧齿结构及参数

图2-3是重型燃气轮机端面弧齿结构示意图，端面弧齿位于轮盘两侧，轮盘一侧的凹齿与另一个轮盘对应的凸齿相配合，实现精确定位，因此，一对配合的端面弧齿由一组凸齿和一组凹齿组成，分别用杯形砂轮的内圆面和外圆面磨制而成，砂轮的内圆面磨削凸齿，外圆面磨削凹齿，端面弧齿节线处的剖面见图2-4。

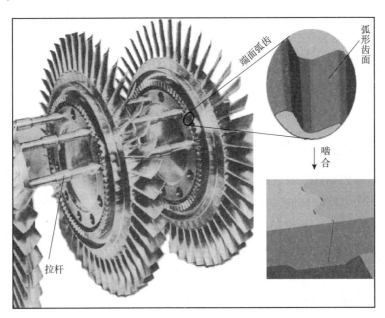

图2-3　端面弧齿示意图

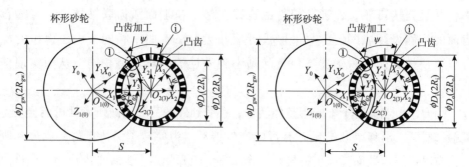

图 2-4　端面弧齿加工原理及坐标变换示意图

端面弧齿形状复杂，要完整描述其形状，所需参数很多，主要有：齿盘外圆直径 D_o、内圆直径 D_i、齿数 Z、齿顶高 h_a、齿根高 h_b、齿形压力角 λ_c、齿顶间隙 c、齿顶倒角 α、齿顶倒角高度 h_c、齿根过渡圆角 R、齿槽底山形高度 h_g 和砂轮直径等（图 2-5）。当给定上述端面弧齿的主要几何参数后，可以基本确定凸、凹齿的几何结构及传动特性。

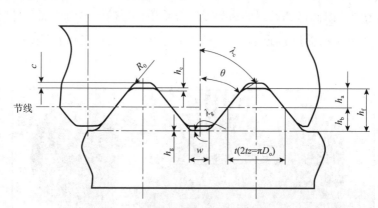

图 2-5　端面弧齿外径处径向展开图

端面弧齿的设计可参考美国 Gleason 公司的设计标准，参数的选择需根据工况条件在一定范围内选取，在满足该设计标准的前提下可对设计参数进行优化。

2.3　端面弧齿齿面方程

端面弧齿是复杂的三维几何曲面，要描述它的形状，需建立齿面方程。吴鸿雁、Ying-Chien Tsai 分别推导了端面弧齿齿面方程[117,118]，但只包括接触界面部分，没有包括齿顶和齿根部分。本书根据端面弧齿的加工过程，给出包括齿顶和齿根在内的端面弧齿齿面方程。端面弧齿是用杯形砂轮磨削而成，加工过程中，砂轮和齿坯的相对位置见图2-4，通过绕 $O_1Z_1(O_0Z_0)$ 轴旋转杯形砂轮的仞形线加工出弧齿。以凸齿为例推导端面弧齿的齿面方程，凹齿的推导过程与此类似，直接给出最终方程。杯形砂轮与端面弧齿(凸齿)在 $X_0O_0Z_0$ 平面内的关系见图2-6。在 $O_0 - X_0Y_0Z_0$ 坐标系内，杯形砂轮内表面的母线方程可以表示为公式(2-1)，端面弧齿山形底部的高度一般都很小，在方程推导时忽略了山形高度，因此，图2-6中的仞形线包括三部分，即倒角部分、齿面部分以及齿根倒圆角部分。

$$\{GLv\} = \begin{cases} \begin{pmatrix} R_{gw} + h_z\tan\lambda_c - h_s(\tan\theta + \tan\lambda_c) \\ 0 \\ h_z \\ 1 \end{pmatrix}, & -h_a \leqslant h_z < -h_s \\[2em] \begin{pmatrix} R_{gw} + h_z\tan\theta \\ 0 \\ h_z \\ 1 \end{pmatrix}, & -h_s \leqslant h_z < h_b - R_0(1 - \sin\theta) \\[2em] \begin{pmatrix} x_{v0} - \sqrt{R_0^2 - (h_z - z_{v0})^2} \\ 0 \\ h_z \\ 1 \end{pmatrix}, & h_b - R_0(1 - \sin\theta) \leqslant h_z \leqslant h_b \end{cases} \quad (2-1)$$

式中　h_z——Z 方向切削深度；

$h_s = h_a - h_c$；

$x_0 = R_{gw} + (h_b - R_0 + R_0\sin\theta)\tan\theta + R_0\cos\theta$；

$z_0 = h_b - R_0$。

从坐标系 $O_0 - X_0Y_0Z_0$ 到坐标系 $O_1 - X_1Y_1Z_1$ 的坐标变换可以表示为公式(2-2)，从 $O_1 - X_1Y_1Z_1$ 到 $O_2 - X_2Y_2Z_2$ 的坐标变换表示为公式(2-3)。

$$[TM_{0-1}] = \begin{pmatrix} \cos(-\varphi) & -\sin(-\varphi) & 0 & 0 \\ \sin(-\varphi) & \cos(-\varphi) & 0 & 0 \\ 0 & 0 & 1 & 0 \\ 0 & 0 & 0 & 1 \end{pmatrix} \quad (2-2)$$

$$[TM_{1-2}] = \begin{pmatrix} 1 & 0 & 0 & -S \\ 0 & 1 & 0 & 0 \\ 0 & 0 & 1 & 0 \\ 0 & 0 & 0 & 1 \end{pmatrix} \qquad (2-3)$$

在公式$(2-2)$中，φ 的取值范围是$[\varphi_{01}, \varphi_{02}]$和$[-\varphi_{02}, -\varphi_{01}]$，$\varphi_{01}$ 和 φ_{02} 可以通过公式$(2-4)$和公式$(2-5)$计算。

$$\varphi_{01} = \arccos[(S^2 + R_{gw}^2 - R_i^2)/(2SR_{gw})] \qquad (2-4)$$

$$\varphi_{02} = \arccos[(S^2 + R_{gw}^2 - R_o^2)/(2SR_{gw})] \qquad (2-5)$$

因此，图$2-4$中编号为"1"的端面弧齿齿面方程可以表示为公式$(2-6)$。

$$\{GSv_1\} = [TM_{1-2}][TM_{0-1}]\{GLv\} \qquad (2-6)$$

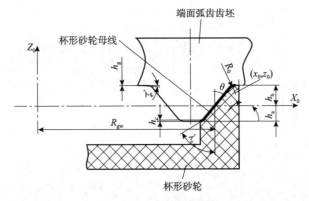

图$2-6$ 砂轮与齿坯在$X_0O_0Z_0$平面内的关系

完成一个齿的磨削后，齿坯将旋转$360/z$（z 为端面弧齿齿数）度加工其他齿面。由于在公式$(2-2)$中，φ 的取值范围包括两段角度，因此每次加工两个不同端面弧齿的各一个面。对于图$2-4$中编号为"i"的端面弧齿，从齿"1"到齿"i"的角度为ψ，$\psi = 360i/z$。为得到第i个齿的方程，需将坐标系 $O_2-X_2Y_2Z_2$ 旋转角度ψ 到达 $O_3-X_3Y_3Z_3$ 坐标系。从坐标系 $O_2-X_2Y_2Z_2$ 到坐标系 $O_3-X_3Y_3Z_3$ 的坐标变换见公式$(2-7)$。

$$[TM_{2-3}] = \begin{pmatrix} \cos\psi & -\sin\psi & 0 & 0 \\ \sin\psi & \cos\psi & 0 & 0 \\ 0 & 0 & 1 & 0 \\ 0 & 0 & 0 & 1 \end{pmatrix} \quad \psi = 360i/z \quad (i=1, 2, \cdots, z-1)$$

$$(2-7)$$

因此，第 i 个凸齿的齿面方程为：

$$\{GSv_i\} = [TM_{2-3}][TM_{1-2}][TM_{0-1}]\{GLv\}$$

$$= \begin{cases} \begin{pmatrix} \cos(\psi-\varphi)[R_{gw}+h_z\tan\lambda_c-h_s(\tan\theta+\tan\lambda_c)]-S\cos\psi \\ \sin(\psi-\varphi)[R_{gw}+h_z\tan\lambda_c-h_s(\tan\theta+\tan\lambda_c)]-S\sin\psi \\ h_z \\ 1 \end{pmatrix} & -h_a \leqslant h_z < -h_s \\[2em] \begin{pmatrix} \cos(\psi-\varphi)(R_{gw}+h_z\tan\theta)-S\cos\psi \\ \sin(\psi-\varphi)(R_{gw}+h_z\tan\theta)-S\sin\psi \\ h_z \\ 1 \end{pmatrix} & -h_s \leqslant h_z < h_b-R_0(1-\sin\theta) \\[2em] \begin{pmatrix} \cos(\psi-\varphi)[x_{v0}-\sqrt{R_0^2-(h_z-z_{v0})^2}]-S\cos\psi \\ \sin(\psi-\varphi)[x_{v0}-\sqrt{R_0^2-(h_z-z_{v0})^2}]-S\sin\psi \\ h_z \\ 1 \end{pmatrix} & h_b-R_0(1-\sin\theta) \leqslant h_z \leqslant h_b \end{cases} \quad (2-8)$$

在公式 $(2-8)$ 中，$\varphi \in [\varphi_{01}, \varphi_{02}]$ 和 $\varphi \in [-\varphi_{02}, -\varphi_{01}]$ 分别加工的是端面弧齿的两个侧面。

凹齿齿面方程的推导过程与凸齿类似，由于凸齿和凹齿分别采用砂轮的内表面和外表面加工而成，因此两者的方程只在个别符号上存在差别。杯形砂轮外表面的母线方程为公式 $(2-9)$。

$$\{GLc\} = \begin{cases} \begin{pmatrix} R_{gw}-h_z\tan\lambda_c+h_s(\tan\theta-\tan\lambda_c) \\ 0 \\ h_z \\ 1 \end{pmatrix} & -h_a \leqslant h_z < -h_s \\[2em] \begin{pmatrix} R_{gw}-h_z\tan\theta \\ 0 \\ h_z \\ 1 \end{pmatrix} & -h_s \leqslant h_z < h_b-R_0(1-\sin\theta) \\[2em] \begin{pmatrix} x_{c0}+\sqrt{R_0^2-(h_z-z_{c0})^2} \\ 0 \\ h_z \\ 1 \end{pmatrix} & h_b-R_0(1-\sin\theta) \leqslant h_z \leqslant h_b \end{cases} \quad (2-9)$$

从坐标系 $O_0 - X_0 Y_0 Z_0$ 到坐标系 $O_1 - X_1 Y_1 Z_1$ 的坐标变换，从 $O_1 - X_1 Y_1 Z_1$ 到 $O_2 - X_2 Y_2 Z_2$ 的变换，以及从坐标系 $O_2 - X_2 Y_2 Z_2$ 到坐标系 $O_3 - X_3 Y_3 Z_3$ 的变换均与凸齿相同，由此可以得到第 i 个凹齿的齿面方程见公式(2 - 10)。

$$\{GSc_i\} = [TM_{2-3}][TM_{1-2}][TM_{0-1}]\{GLc\}$$

$$= \left\{ \begin{array}{l} \begin{pmatrix} \cos(\psi - \varphi)[R_{gw} - h_z \tan\lambda_c + h_s(\tan\theta - \tan\lambda_c)] - S\cos\psi \\ \sin(\psi - \varphi)[R_{gw} - h_z \tan\lambda_c + h_s(\tan\theta - \tan\lambda_c)] - S\sin\psi \\ h_z \\ 1 \end{pmatrix} -h_a \leqslant h_z < -h_s \\[4em] \begin{pmatrix} \cos(\psi - \varphi)(R_{gw} - h_z \tan\theta) - S\cos\psi \\ \sin(\psi - \varphi)(R_{gw} - h_z \tan\theta) - S\sin\psi \\ h_z \\ 1 \end{pmatrix} -h_s \leqslant h_z < h_b - R_0(1 - \sin\theta) \\[4em] \begin{pmatrix} \cos(\psi - \varphi)[x_{c0} + \sqrt{R_0^2 - (h_z - z_{c0})^2}] - S\cos\psi \\ \sin(\psi - \varphi)[x_{c0} + \sqrt{R_0^2 - (h_z - z_{c0})^2}] - S\sin\psi \\ h_z \\ 1 \end{pmatrix} h_b - R_0(1 - \sin\theta) \leqslant h_z \leqslant h_b \end{array} \right.$$

$$(2 - 10)$$

在公式(2 - 10)中：

$$x_{c0} = R_{gw} - (h_b - R_0 + R_0 \sin\theta)\tan\theta - R_0 \cos\theta$$

$$z_{c0} = h_b - R_0$$

2.4 端面弧齿材料

重型燃气轮机燃烧室燃烧后的气体温度高达 1700℃，尽管经过冷却，透平叶片与叶轮仍需承受极高的温度，燃气轮机材料技术的进步是其发展的关键，相关公司都投入巨额资金进行高温材料的研制，采用先进的制造工艺和严格的质保手段，确保燃气轮机达到更大的功率和更高的效率。重型燃气轮机叶片采用铸造高温合金，而叶轮采用变形高温合金制造。高温合金是指能在 600℃ 以上的高温下，抗氧化、抗热腐蚀，并在一定应力作用下长时间工作的一类金属材料，这类合金一般合金化程度都比较高，美、英等国都称为超合金(Superalloy)。端面弧齿是叶轮的一部分，其材料为变形高温合金，常用的变形高温合金包括铁基高温合金、镍基高温合金和钴基高温合金。我国高温合金牌号的表示方法是根据合金的成形方式、强化类型和基体元素，采用汉语拼音字母符号作前缀、其后再接阿拉伯数字。变形高温合金用 GH 作前缀(G、H 分别为高、合两字汉语拼音的第一字母)，后面接四位阿拉伯数字。第一位数字表示合金分类：1 和 2 表示铁基和铁镍基，3 和 4 表示镍基，5 和 6 表示钴基。第 1 位数字奇数 1、3、5 表示固溶强化型，偶数 2、4、6 表示沉淀强化型。第 2、3 和 4 位数字表示合金的编号[119]。重型燃气轮机转子通常采用镍基或镍铁基高温合金制造。镍基高温合金是用量最大、最重要的高温合金，镍基高温合金的研制生产是一个国家金属材料发展水平的重要标志之一。

镍基高温合金的研制从 20 世纪 30 年代开始，由于航空发动机要求增大推力、降低油耗，对发动机涡轮前温度要求不断提高，因此制造涡轮机的材料能承受的工作温度要求也不断提高，从而推动了高温合金的发展，现在镍基高温合金的最高使用温度已达 1100℃。我国从 20 世纪 50 年代开始研制镍基高温合金，最初主要是仿制苏联的高温合金，到 70 年代开始引进欧美发动机，相应地引进和试制了一批欧美系列的镍基高温合金。经过半个世纪的努力，我国已研制成功了镍基高温合金 70 多种。

世界范围内，高温合金的发展趋势是工作温度和强度不断提高，与此同时，国产的高温合金性能也越来越好(图 2-7)。正在研究中的先进材料如陶瓷、金属间化合物、复合材料(聚合物基复合材料、钛基复合材料、陶瓷基复合材料、铬基复合材料、钼基复合材料和铂基复合材料)将进一步提高燃气轮机的性能[120]。对于重型燃气轮机叶轮而言，美国通用公司采用 Inconel706、Inconel718、A286 和 M152 高温合金作为透平叶轮材料，前三者分别对应国内牌号 GH2706、GH4169 和 GH2132，M152 暂无国内对应牌号。

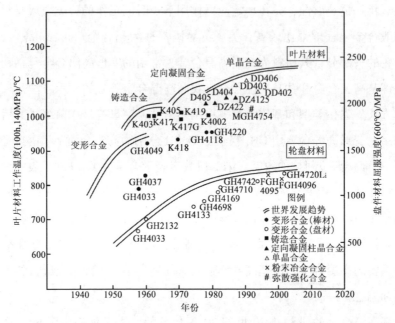

图2-7 世界高温合金(涡轮叶片、盘件)的发展趋势和我国主要合金的研制

2.4.1 高温合金 GH2132(A286)

GH2132 是 Fe-25Ni-15Cr 基高温合金，加入钼、钛、铝、钒及微量硼综合强化。在650℃以下具有高的屈服强度和持久、蠕变强度，并且具有较好的加工塑性和满意的焊接性能。适合制造在650℃下长期工作的航空发动机高温承力部件，如涡轮盘、压气机盘、转子叶片和紧固件等。

相近牌号：A286(美国)、ULVSS66286(美国)、ZhIVCT25(法国)、P. Q. A286(美国)。

1. 化学成分

GH2132 合金化学成分见表表2-1。

表2-1 GH2132 合金化学成分表

成分	C	Cr	Ni	Mo	Ti	Fe	V	B	Mn	Al	Si	P	S
										不大于			
含量/%	≤0.08	13.50~16.00	24.00~27.00	1.00~1.50	1.90~2.35	余	0.10~0.50	0.003~0.01	1.00~2.00	0.35	0.35	0.015	0.002

2. 物理及化学性能

GH2132 合金与强度有关的物理化学性能介绍如下：

材料的熔化温度范围为 1364 ~ 1424℃，密度为 7930kg/m^3，热导率见表 2 - 2，普通 GH2132 的线膨胀系数见表 2 - 3，优质 GH2132 的线膨胀系数见表 2 - 4。

表 2 - 2 热导率

θ /℃	100	200	300	400	500	600	700	800	900
λ /[W/(m·℃)]	14.2	15.9	17.2	18.8	20.5	22.2	23.9	25.5	27.6

表 2 - 3 普通 GH2132 线膨胀系数

θ /℃	20 ~ 100	20 ~ 200	20 ~ 300	20 ~ 400	20 ~ 500	20 ~ 600	20 ~ 700	20 ~ 800	20 ~ 900
α /(10^{-6}℃$^{-1}$)	15.37	16.09	16.31	16.84	17.58	18.06	18.74	19.62	20.45

表 2 - 4 优质 GH2132 线膨胀系数

θ /℃	20 ~ 100	20 ~ 200	20 ~ 300	20 ~ 400	20 ~ 500	20 ~ 600	20 ~ 700	20 ~ 800	20 ~ 900
α /(10^{-6}℃$^{-1}$)	15.7	16.0	16.5	16.8	17.3	17.5	17.9	19.1	19.7

3. 力学性能

GH2132 合金在不同温度下的应力应变曲线见图 2 - 8，该合金典型温度下的力学性能列于表 2 - 5。

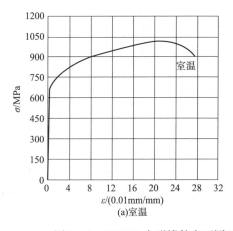
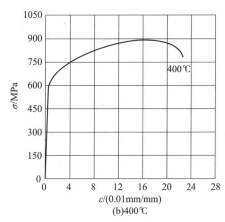

图 2 - 8 GH2132 盘形锻件在不同温度下的典型拉伸全应力 - 应变曲线

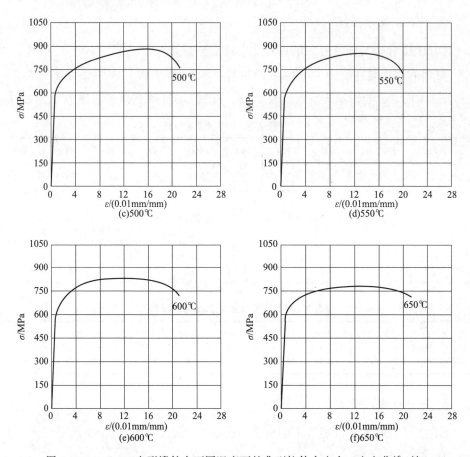

图 2 - 8　GH2132 盘形锻件在不同温度下的典型拉伸全应力 - 应变曲线(续)

表 2 - 5　GH2132 盘形锻件典型温度下的力学性能

θ/℃	$\sigma_{p0.2}$/MPa	σ_b/MPa	δ_5/%	ψ/%
20	690	930	20	40
550	590	785	16	28
650	614	735	15	20

　　GH2132 合金的动态弹性模量见表 2 - 6；盘形锻件不同温度的拉伸和压缩弹性模量见表 2 - 7；盘形锻件不同温度下的切变模量见表 2 - 8，泊松比为 0.375。

表 2 - 6 动态弹性模量

$\theta/℃$	20	100	200	300	400	500	600	700	800	900
E_D/GPa	198	193	186	181	173	165	157	150	139	126

表 2 - 7 拉伸和压缩弹性模量

$\theta/℃$	20	400	500	550	600	650	700
E/GPa	190	152	135	134	131	124	120
E_C/GPa	193	—	150	147	—	143	142

表 2 - 8 切变模量

$\theta/℃$	20	500	550	650	700
G/GPa	72	60	59	56	53

2.4.2 高温合金 GH4169（Inconel718）

GH4169 合金是以体心四方的 γ'' 和面心立方的 γ' 相沉淀强化的镍基高温合金，在 -253 ~ 700℃温度范围内具有良好的综合性能，650℃以下的屈服强度居变形高温合金的首位，并具有良好的抗疲劳、抗辐射、抗氧化、耐腐蚀性能，以及良好的加工性能、焊接性能和长期组织稳定性，能够制造各种形状复杂的零部件，在宇航、核能、石油工业中，在上述温度范围内获得了极为广泛的应用。

相近牌号：Inconel718（美国）、NC19FeNb（法国）。

1. 化学成分

该合金的化学成分分为 3 类：标准成分、优质成分、高纯成分，见表 2 - 9。优质成分是在标准成分的基础上降碳增铌，从而减少碳化铌的数量，减少疲劳源和增加强化相的数量，提高抗疲劳性能和材料强度。同时减少有害杂质与气体含量。高纯成分是在优质标准基础上降低硫和有害杂质的含量，提高材料纯度和综合性能。

2. 物理及化学性能

GH4169 合金与强度有关的物理化学性能介绍如下：

材料的熔化温度范围为 1260 ~ 1320℃，密度为 8240kg/m³，热导率见表 2 - 10，线膨胀系数见表 2 - 11。

表 2 - 9　GH4169 化学成分

%

类别	C	Cr	Ni	Co	Mo	Al	Ti	Nb	Fe
标准	≤0.08	17.0~21.0	50.0~55.0	≤1.0	2.80~3.30	0.30~0.70	0.75~1.15	4.75~5.50	余
优质	0.02~0.06	17.0~21.0	50.0~55.0	≤1.0	2.80~3.30	0.30~0.70	0.75~1.15	5.00~5.50	余
高纯	0.02~0.06	17.0~21.0	50.0~55.0	≤1.0	2.80~3.30	0.30~0.70	0.75~1.15	5.00~5.50	余

类别	B	Mg	Mn	Si	P	S	Cu	Ca	Bi
				不大于					
标准	0.06	0.01	0.35	0.35	0.015	0.015	0.30	0.01	—
优质	0.06	0.01	0.35	0.35	0.015	0.015	0.30	0.01	0.001
高纯	0.06	0.005	0.35	0.35	0.015	0.002	0.30	0.005	0.00003

类别	Sn	Pb	Ag	Se	Te	Ti	N	O
				不大于				
标准	—	0.0005	—	0.0003	—	—	—	—
优质	0.005	0.001	0.001	0.0003	—	—	0.01	0.01
高纯	0.005	0.001	0.001	0.0003	0.00005	0.0001	0.01	0.005

表 2 - 10 GH4169 合金热导率

θ /℃	11	100	200	300	400	500	600	700	800	900	1000
λ/[W/(m·℃)]	13.4	14.7	15.9	17.8	18.3	19.6	21.2	22.8	23.6	27.6	30.4

表 2 - 11 GH4169 合金线膨胀系数

θ /℃	20 ~ 100	20 ~ 200	20 ~ 300	20 ~ 400	20 ~ 500	20 ~ 600	20 ~ 700	20 ~ 800	20 ~ 900	20 ~ 1000
α/(10⁻⁶℃⁻¹)	11.8	13.0	13.5	14.1	14.4	14.8	15.4	17.0	18.4	18.7

3. 力学性能

GH4169 合金在不同温度下的应力应变曲线见图 2 - 9,该合金典型温度下的力学性能列于表 2 - 12。

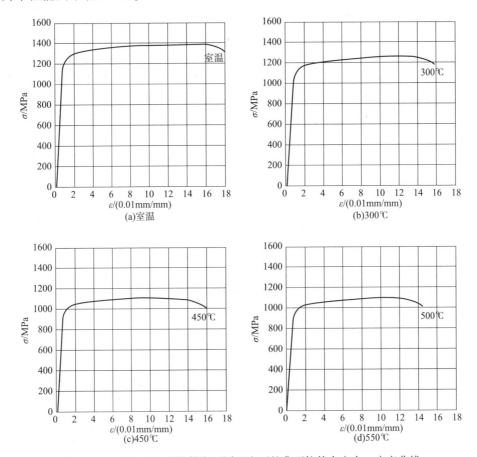

图 2 - 9 GH4169 盘形锻件在不同温度下的典型拉伸全应力 – 应变曲线

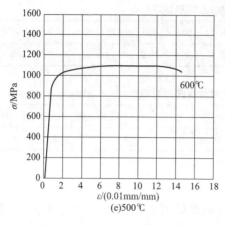
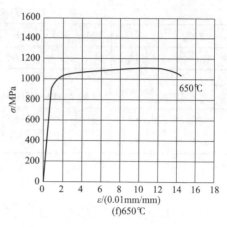

图 2-9　GH4169 盘形锻件在不同温度下的典型拉伸全应力 – 应变曲线(续)

表 2-12　GH4169 盘形锻件典型温度下的力学性能

$\theta/℃$	$\sigma_{p0.2}/MPa$	σ_b/MPa	$\delta_5/\%$	$\psi/\%$
20	1030	1280	12	15
500	930	1130	12	16
650	860	1000	12	18

　　GH4169 合金的动态弹性模量见表 2-13；盘形锻件不同温度的拉伸和压缩弹性模量见表 2-14；盘形锻件不同温度下的切变模量见表 2-15，泊松比见表 2-16。

表 2-13　动态弹性模量

$\theta/℃$	20	100	200	300	450	500	600	700
E_D/GPa	205	201	193	187	180	175	168	160

表 2-14　拉伸和压缩弹性模量

$\theta/℃$	20	300	400	450	500	550	600	650	700
E/GPa	204	181	176	—	160	160	150	146	141
E_C/GPa	203	172		162		161	122	153	

表 2-15　切变模量

$\theta/℃$	20	100	200	300	418	500	600	700
G/GPa	79	77	74	71	68	66	64	60

表 2 – 16 泊松比

$\theta/℃$	20	100	200	300	418	500	600	700
μ	0.309	0.30	0.30	0.30	0.31	0.32	0.32	0.33

2.4.3 高温合金 GH2706（Inconel706）

GH2706 为镍 – 铁 – 铬基沉淀强化型合金，与 GH4169 相比，不含钼，降低了镍、铬、铌含量，适当增加了钛和铁含量，因而合金成本低、偏析小，在 700℃以下具有较高的强度、良好的抗氧化及耐腐蚀能力。

相近牌号：Inconel706（美国）。

1. 化学成分

GH2706 化学成分见表 2 – 17。

表 2 – 17 GH2706 合金化学成分 %

成分	C	Cr	Ni	Fe	Ti	Nb + Ta
含量	≤0.06	14.5 ~ 17.5	39.0 ~ 44.0	余	1.5 ~ 2.0	2.5 ~ 3.3

成分	Al	B	Mn	Si	P	S	Cu
				不大于			
含量	0.4	0.006	0.35	0.35	0.02	0.015	0.2

2. 物理及化学性能

GH2706 合金与强度有关的物理化学性能介绍如下：

材料的熔化温度范围为 1335 ~ 1371℃，密度为 8060kg/m³，热导率见图 2 – 10，线膨胀系数见表 2 – 18。

3. 力学性能

GH2706 合金弹性模量 – 温度曲线见图2 – 11；动态弹性模量—温度曲线见图 2 – 12；切变模量为 74MPa；泊松比为 0.29；在不同温度下的应力应变曲线见图 2 – 13；典型温度下的力学性能列于表 2 – 19。

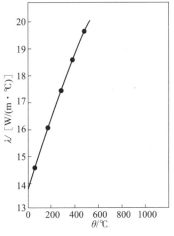

图 2 – 10 GH2706 热导率

表 2 - 18   GH2706 线膨胀系数

$\theta/℃$	20 ~ 95	20 ~ 260	20 ~ 540	20 ~ 815
$\alpha/(10^{-6}℃^{-1})$	13.14	14.40	15.30	17.64

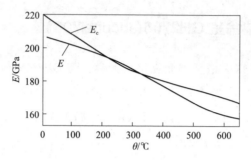

图 2 - 11   GH2706 弹性模量

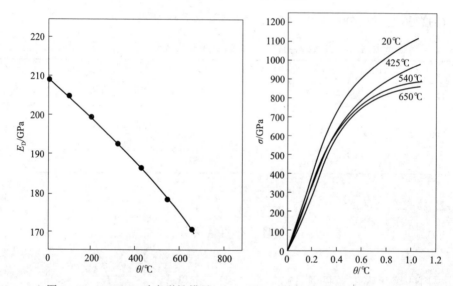

图 2 - 12   GH2706 动态弹性模量

图 2 - 13   GH2706 合金在不同温度下的拉伸应力 - 应变曲线

表 2 - 19   GH2706 盘形锻件典型温度下的力学性能

$\theta/℃$	$\sigma_{p0.2}/MPa$	σ_b/MPa	$\delta_5/\%$	$\psi/\%$
20	1025	1270	18.0	33.9
300	950	1165	15.6	40.3
500	840	1065	16.6	47.9
600	935	1030	22.6	52.2
650	850	930	27.6	54.8

第 3 章 端面弧齿强度设计准则

重型燃气轮机是典型的高温高压设备，其设计制造水平是国家装备制造能力的总体体现。端面弧齿是重型燃气轮机重要的热端部件，其可靠性和完整性是燃气轮机性能的根本保证。端面弧齿常用的设计方法包括规则设计法和分析设计法，分别对应两种设计规范。规则设计法并不需要对设备的各个部位进行详细的应力分析，它的基本思想是结合经典力学理论和经验公式对设备部件的设计做出相关规定，如材料、安全系数、特征尺寸、制造工艺等都必须满足一定的条件。规则设计法标准是基于弹性失效设计准则，将设备中某一最大应力限制在弹性范围内就认为可保证安全，这种"规则设计"方法设计的设备基本上是安全的。随着技术的发展和大型化高参数设备的广泛使用，工程师们逐步认识到各种不同的应力对设备的失效有不同影响，开始从应力产生的原因、作用的部位以及对失效的影响几个方面将设备受到的应力进行合理的分类，从而形成了"应力分类"的概念和相应的"分析设计"方法。分析设计法要求对设备部件进行应力分析和疲劳分析，这种定量分析结果使结构趋于更合理，用该规范设计的设备可以达到较高的许用应力而并不削弱安全裕度。其设计思想是进行设备设计时必先进行详细的应力分析，将各种外载荷或变形约束产生的应力分别计算出来，然后进行应力分类，再按不同的设计准则来限制，保证设备在使用期内不发生各种形式的失效。分析设计法又分为弹性分析和弹 – 塑性分析两大类。

3.1 强度理论

不同材料因强度不足而引起的失效现象亦不相同，强度不足引起的失效现象主要归结为屈服和断裂两大类型。在单向受力情况下，屈服强度和断裂强度可通过实验得到；在复杂应力状态下，一点的三个主应力 σ_1（第一主应力）、σ_2（第二主应力)和 σ_3(第三主应力)可能都不为零,而且会出现不同的主应力组合,采用直接实验方法建立强度条件难度极大,强度理论也应运而生。强度理论是长期以来综合分析材料的失效现象和资料,对强度失效提出的假说,这些强度理论认为材料之所以按某种方式屈服或断裂是应力、应变或变形能等超过许用值引起的,无论是简单或复杂应力状态,引起失效的机理相同。经过长期的实践检验证实,不同的强度理论适用于不同的材料。

基于强度失效的两种主要形式为屈服和断裂。强度理论也分成两类:一类解释断裂失效(包括最大拉应力理论和最大伸长线应变理论);另一类解释屈服失效(最大剪应力理论和形状改变比能理论)。

3.1.1 最大拉应力理论(第一强度理论)

最大拉应力强度理论认为最大拉应力是引起断裂的主要因素,即认为无论是什么应力状态,只要最大拉应力达到与材料性质有关的某一极限值,则材料就发生断裂。根据该理论,无论是什么应力状态,只要最大拉应力 σ_1 达到 σ_b 就导致断裂,可建立断裂准则:

$$\sigma_1 = \sigma_b \tag{3-1}$$

式中,σ_b 为强度极限,Pa。

将 σ_b 除以安全系数得许用应力 $[\sigma]$,所以按第一强度理论建立的强度准则为:

$$\sigma_1 = [\sigma] \tag{3-2}$$

最大拉应力强度理论适用于铸铁等脆性材料。

3.1.2 最大伸长线应变理论(第二强度理论)

最大伸长线应变强度理论认为最大伸长线应变是引起断裂的主要因素,无论什么应力状态,只要最大伸长线应变 ε_1 达到与材料性质有关的某一极限值,材料即发生断裂。ε_1 的极限值可由广义胡克定律确定,即:

$$\varepsilon_1 = \frac{1}{E}[\sigma_1 - \mu(\sigma_2 + \sigma_3)] \tag{3-3}$$

式中,E 为材料的弹性模量,Pa;μ 为材料的泊松比。

按照最大伸长线应变强度理论,任意应力状态下,只要 ε_1 达到极限值 σ_b/E,

材料就发生断裂。将 σ_b 除以安全系数得许用应力 $[\sigma]$，于是按第二强度理论建立的强度准则为：

$$\sigma_1 - \mu(\sigma_2 + \sigma_2) \leq [\sigma] \quad\quad (3-4)$$

最大伸长线应变强度理论考虑了三个主应力的影响，形式上比第一强度理论完善，但用于工程上其可靠性很差，现在很少采用。

3.1.3 最大剪应力理论(第三强度理论)

最大剪应力强度理论认为最大剪应力是引起屈服的主要因素，认为无论什么应力状态，只要最大剪应力 τ_{max} 达到与材料性质有关的某一极限值，材料就发生屈服。单向拉伸状态下，当与轴线成45°角斜截面上的 $\tau_{max} = \sigma_s / 2$ 时(对应横截面上的正应力为 σ_s)，出现屈服。任意应力状态下，最大剪应力可表示为：

$$\tau_{max} = \frac{\sigma_1 - \sigma_3}{2} \quad\quad (3-5)$$

式中，σ_s 为材料的屈服极限，Pa；τ_{max} 为最大剪应力。

因此屈服准则可表示为公式(3-6)：

$$\sigma_1 - \sigma_3 = \sigma_s \quad\quad (3-6)$$

将 σ_s 除以安全系数得许用应力 $[\sigma]$，于是按第三强度理论建立的强度准则见公式(3-7)：

$$\sigma_1 - \sigma_3 \leq [\sigma] \quad\quad (3-7)$$

3.1.4 形状改变比能理论(第四强度理论)

形状改变比能强度理论认为形状改变比能是引起屈服的主要因素，无论什么应力状态，只要形状改变比能 v_f 达到与材料性质有关的某一极限值，材料就发生屈服。任意应力状态下，形状改变比能表示为公式(3-8)。

$$v_f = \frac{1+\mu}{6E}[(\sigma_1 - \sigma_2)^2 + (\sigma_2 - \sigma_3)^2 + (\sigma_3 - \sigma_1)^2] \quad\quad (3-8)$$

假设材料的屈服应力为 σ_s，相应的形状改变比能可表示为公式(3-9)。

$$v_f = \frac{1+\mu}{6E}(2\sigma_s^2) \quad\quad (3-9)$$

由公式(3-8)和公式(3-9)，得到屈服准则公式(3-10)：

$$\sqrt{\frac{1}{2}\left[\left(\sigma_1-\sigma_2\right)^2+\left(\sigma_2-\sigma_3\right)^2+\left(\sigma_3-\sigma_1\right)^2\right]}=\sigma_s \qquad (3-10)$$

将 σ_s 除以安全系数得许用应力 $[\sigma]$，于是按第四强度理论建立的强度准则见公式 $(3-11)$ ：

$$\sqrt{\frac{1}{2}\left[\left(\sigma_1-\sigma_2\right)^2+\left(\sigma_2-\sigma_3\right)^2+\left(\sigma_3-\sigma_1\right)^2\right]}\leqslant[\sigma] \qquad (3-11)$$

最大剪应力准则和形状改变比能准则适用于塑性材料。在二向应力状态下，如果以 σ_1 和 σ_2 表示两个主应力，在以 σ_1 和 σ_2 为坐标的平面坐标系中，最大剪应力准则是一个六角形，而形状改变比能准则是一个能够包络最大剪应力准则的椭圆形（图 $3-1$）。若代表某一个二向应力状态的点落在六角形区域之内，按照最大剪应力准则这一应力状态不会引起屈服，材料处于弹性状态；若该点落在六角形区域的边界上至椭圆形边界内侧，按照最大剪应力准则，它所代表的应力状态使材料开始出现屈服，但按照形状改变比能准则该应力不会引起屈服，材料仍处于弹性状态；若该点落在椭圆形边界或椭圆形外侧，无论按照最大剪应力准则还是按照形状改变比能准则，它所代表的应力都会引起屈服。因此，最大剪应力屈服准则偏于安全。

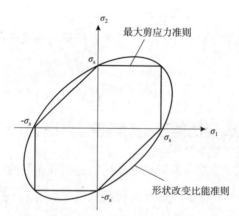

图 $3-1$　最大剪应力准则和形状改变比能准则对比

3.1.5　莫尔强度理论

莫尔强度理论是基于综合实验结果建立的。单向拉伸实验时，失效应力为屈服极限 σ_s 或强度极限 σ_b。由图 $3-2$，在 $\sigma-\tau$ 平面内，以失效应力为直径作应

力圆 OA 称为极限应力圆；由单向压缩实验确定的极限应力圆为 OB；由纯剪切实验确定的极限应力圆是以 OC 为半径的圆。对任意的应力状态，设想三个主应力按比例增加，直至屈服或断裂失效，此时，三个主应力可确定三个应力圆，以最大应力圆（由 σ_1 和 σ_3 确定的应力圆）为例，得到如图 3-2 中的 DE 圆。以此类推，可在图 3-2 中得到一系列应力圆，作出这些应力圆的包络线 FG 即代表强度界限。任何一个已知的应力状态 σ_1、σ_2 和 σ_3，如果由 σ_1 和 σ_3 确定的应力圆在上述包络线之内，则代表这一应力状态不会引起失效，否则将引起失效。包络线与材料形状有关，同一材料的包络线是唯一的。工程应用中，通常以 OA

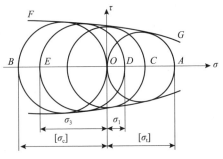

图 3-2 莫尔强度理论示意图

应力圆（单向拉伸）和 OB 应力圆（单向压缩）的公切线代替包络线。

由莫尔强度理论的应力圆可得：

$$\sigma_1 - \frac{[\sigma_t]}{[\sigma_c]}\sigma_3 = [\sigma_t] \tag{3-12}$$

当 $[\sigma_t] = [\sigma_c] = [\sigma]$ 时，即材料的抗拉和抗压强度相等时，公式(3-12)便可简化为最大剪应力理论，即公式(3-13)。因此，莫尔强度理论考虑了材料抗拉强度和抗压强度不相等的情况，可以看成是第三强度理论的推广，而第三强度理论可以看成是莫尔强度理论的特殊情况。

$$\sigma_1 - \sigma_3 = [\sigma] \tag{3-13}$$

本节中，σ 为正应力；τ 为剪应力；$[\sigma_t]$ 和 $[\sigma_c]$ 分别为材料的抗拉许用应力和抗压许用应力，Pa。

3.2 防止塑性垮塌的分析设计

3.2.1 概述

ASME 提供了三种防止塑性垮塌的分析方法，分别为弹性应力分析方法、极限载荷法和弹-塑性应力分析法。在端面弧齿强度分析中采用弹性应力分析方法。为对防止塑性垮塌作出评定，由承受规定载荷情况元件的弹性应力分析所得的结果进行分类并于相关的极限值进行比较，分类方法的基本原则如下：

（a）在设备中计算各处当量应力值，并于当量应力的许用值进行比较以确定该设备是否适应于预期的设计条件。设备中某点处的当量应力是由各应力分量采用屈服准则计算得到的。

（b）在中国标准中采用最大剪应力强度理论确定当量应力，而在 ASME 标准中采用最大变形能屈服准则确定当量应力，见公式(3-14)和公式(3-15)。

中国标准：

$$\sigma_s = \sigma_1 - \sigma_3 \tag{3-14}$$

ASME 标准：

$$\sigma_s = \sqrt{\frac{1}{2}\left[(\sigma_1 - \sigma_2)^2 + (\sigma_2 - \sigma_3)^2 + (\sigma_3 - \sigma_1)^2\right]} \tag{3-15}$$

3.2.2　应力分类

端面弧齿存在总体结构不连续和局部结构不连续，总体结构不连续指的是几何形状或材料的不连续，使结构在较大范围内的应力或应变发生变化，对结构总的应力分布与变形产生显著影响。如端面弧齿的接触面、端面弧齿与轮盘的连接处等。局部结构不连续指的是几何形状或材料的不连续，它仅使结构在很小范围内的应力或应变发生变化，对结构总的应力分布和变形无显著影响，如小的过渡圆角等。

结构不连续导致的变形协调、应力集中等作用力与需要平衡外加载荷的作用力有所不同，其衡量标准也应有所区别，因此需根据载荷性质对应力进行分类，不同性质的应力适用于不同的评定标准。

基于弹性分析的应力分类方法，是为了确保设备在总体塑性变形、棘轮效应和疲劳载荷三种失效模式下具有足够的安全裕度，在分析设计方法中通过定义三类应力并根据应力的重要性给出不同的许用值来实现[121]。根据 JB 4732—1995 (R2005)《钢制压力容器——分析设计标准》目前我国正在修订该标准，使其适应新的分析设计方法[122]、《ASME 锅炉及压力容器规范 第Ⅷ卷 第二册 压力容器建造另一规则》[123]将端面弧齿所受应力分为一次应力、二次应力和峰值应力。

1. 一次应力(Primary stress)

一次应力是为平衡压力与其他外加机械载荷所必需的应力。对理想塑性材料，一次应力所引起的总体塑性流动是非自限的，即当结构内的塑性区扩展到使之变成几何可变的机构时，达到极限状态，即使载荷不再增加，仍产生不可限制的塑性流动，直至破坏。一次应力又可分为一次总体薄膜应力 σ_m(General primary membrane stress)、一次局部薄膜应力 σ_L(Primary local membrane stress)和一次弯曲应力 σ_b(Primary bending stress)。

(1)一次总体薄膜应力 σ_m

一次总体薄膜应力是沿着壁厚方向均匀分布的一次应力，是由设计内压和其他规定的机械载荷引起的。一次总体薄膜应力在塑性流动过程中不会发生重新分布，而是直接导致结构破坏。例如：各种壳体中内压或分布载荷所引起的薄膜应力。一次总体薄膜应力分布范围广，如果一次总体薄膜应力超过屈服极限，将会导致大面积屈服，使结构产生塑性流动，导致结构垮塌，因此对一次总体薄膜应力必须严格限制。

(2)一次局部薄膜应力 σ_L

一次局部薄膜应力指在局部范围内，由于介质内压或其他机械载荷引起的薄膜应力，其应力水平大于一次总体薄膜应力，但影响范围仅限于结构局部区域的一次薄膜应力。它和一次总体薄膜应力的相同之处是沿壁厚方向均匀分布，不同之处是具有局部的性质。尽管包含有二次应力的成分，但是从保守角度考虑，还是把它划分在一次应力范围内。如果受局部应力作用的区域太大或者这个区域离其他高应力区的距离很近，而其周围金属起不到约束作用时，则不应按局部薄膜应力考虑，而应当称作总体薄膜应力。当结构局部发生塑性流动时，这类应力将重新分布，若不加以限制，则当载荷从结构的高应力区传递到低应力区时，会产生过量塑性变形而导致破坏。

一次局部薄膜应力通常出现于壳体的固定支座或接管处，是由外部载荷和力矩引起的薄膜应力。

(3)一次弯曲应力 σ_b

一次弯曲应力是在壁厚方向去除沿厚度方向均布的薄膜应力后，在厚度方向呈线性分布的弯曲应力。例如配合的端面弧齿在壁厚方向承受的由离心力引起的弯曲应力。

2. 二次应力 σ_q（Secondary stress）

二次应力是由于相邻构件的相互约束或结构的自身约束所引起的法向力或剪切力。二次应力的基本特征是自限性，即局部屈服和小量变形就可以使约束条件或变形连续要求得到满足，从而变形不再继续增大。只要不反复加载，二次应力不会导致结构破坏。二次应力主要包括总体热应力和总体结构不连续处的弯曲应力。

3. 峰值应力 σ_p（peak stress）

峰值应力是由局部结构不连续或局部热应力影响而引起的附加于一次及二次应力的应力增量。峰值应力的特征是同时具有自限性与局部性，它不会引起明显的变形，其危害性在于可能导致疲劳裂纹或脆性断裂。对于非高度局部性的应力，如果不引起显著变形者也属于峰值应力。例如端面弧齿根部的倒角处形成的应力集中属于峰值应力。

3.2.3　评定方法

确定作用于元件上的载荷类型，分析各个载荷情况以评定采用应力积分法、有限元法还是实验方法对元件进行应力分析。基于弹性分析的应力分类方法中所述应力均指结构中的弹性名义应力，即无论载荷多大，假设结构材料始终为线弹性时所求得的计算应力，并用本规定的原则考虑结构的塑性极限承载能力与安定性。JB 4732—1995（R2005）《钢制压力容器——分析设计标准》中规定对复合应力状态采用最大剪应力理论作为失效理论；而《ASME 锅炉及压力容器规范 第Ⅷ卷 第二册 压力容器建造另一规则》中对复合应力状态采用形状改变比能理论作为失效理论。

按如下步骤计算应力分量并分类，对不同类的应力分量分别计算其主应力，进而求得各不同类的应力强度。

（1）在所考虑的点上，选取一正交坐标系，经向、环向与法向分别用 x、θ、z 表示，用 σ_x、σ_θ 和 σ_z 表示该坐标系中的正应力分量，$\tau_{x\theta}$、τ_{xz}、$\tau_{z\theta}$ 表示该坐标系中的剪应力分量。

（2）计算在各种载荷作用下的各应力分量，并根据 3.2.2 的定义将各组应力分量分别归入以下应力中的一类：

①一次总体薄膜应力（σ_m）；

②一次局部薄膜应力(σ_L)；

③一次弯曲应力(σ_b)；

④二次应力(σ_q)；

⑤峰值应力(σ_p)。

(3)将各类应力按同种分量分别叠加，得到σ_m组、σ_L组、$\sigma_L + \sigma_b$组、$\sigma_L + \sigma_b + \sigma_q$组和$\sigma_L + \sigma_b + \sigma_q + \sigma_p$组共五组应力分量，每组六个。

①如果所分析的载荷情况仅包括"载荷控制"的载荷(例如压力和惯性力的影响)，则计算得到的当量应力应直接采用σ_m组、$\sigma_L + \sigma_b$组、$\sigma_L + \sigma_b + \sigma_q$组表示。

②如果所分析的载荷情况仅包括"应变控制"的载荷(如温度梯度)，计算得到的当量应力单独表示为σ_q；如果所分析的载荷包括"载荷控制"和"应变控制"的组合形式，则计算得到的当量应力应表示为$\sigma_L + \sigma_b + \sigma_q$的组合形式。

③如果σ_p类应力是由应力集中或温差应力引起，则σ_p值是由应力集中引起的超过名义薄膜加弯曲应力的附加应力。

(4)由每组六个应力分量，计算每组的主应力σ_1、σ_2和σ_3，并计算等效应力。

针对 JB 4732—1995(R2005)：

对于每组三个主应力，由公式(3－16)，计算主应力差并取σ_{12}、σ_{23}和σ_{31}三者中绝对值最大者作为该组的应力强度。

$$\begin{cases} \sigma_{12} = \sigma_1 - \sigma_2 \\ \sigma_{23} = \sigma_2 - \sigma_3 \\ \sigma_{31} = \sigma_3 - \sigma_1 \end{cases} \quad (3-16)$$

针对 ASME 锅炉及压力容器规范，采用公式(3－17)计算当量应力。

$$\sigma_e = \sqrt{\frac{1}{2}(\sigma_1 - \sigma_2)^2 + (\sigma_2 - \sigma_3)^2 + (\sigma_3 - \sigma_1)^2} \quad (3-17)$$

(5)对防止塑性垮塌进行评定，将计算得到的当量应力与他们相应的许用应力值进行比较，进行安全评定。针对 JB 4732—1995(R2005)规定各类应力的许用值见表3－1；ASME 锅炉及压力容器规范规定各类许用应力值见表3－2。表3－1中$S_I \sim S_V$分别代表五类应力组合。S_m为材料的许用应力，其值为材料的屈服强度除以安全系数；S_a为疲劳曲线中对应的应力幅值。表3－2中S为材料许用应力；S_{PL}为一次局部薄膜应力和一次局部薄膜应力加一次弯曲应力的许用极限，取以下计算值中的较大者：①标准中给出的材料许用应力的 1.5 倍，②材料的屈服强度，而当屈强比超过 0.7 或许用应力时相关时取①；S_{PS} 为一次应力加二次应力的许用极限，取以下计算值中的较大者：①标准中给出的最高和最低温度时材料许用应力的 3 倍，②标准中给出的最高和最低温度时材料屈服强度的 2 倍，而当屈强比超过 0.7 或许用应力时相关时取①；S_a 为疲劳曲线中对应的应力幅值。

表 3 - 1　应力分类及应力强度极限值

应力种类	一次应力			二次应力	峰值应力
	总体薄膜	局部薄膜	弯曲		
说明	沿实心截面的平均一次应力。不包括不连续和应力集中。仅由机械载荷引起	沿任意实心截面的平均应力。考虑不连续但不包括应力集中。仅由机械载荷引起	和离实心截面形心的距离成正比的一次应力分量。不包括不连续和应力集中。仅由机械载荷引起	为满足结构连续所需要的自平衡应力。发生在结构的不连续处，可以由机械载荷或热膨胀差引起的。不包括局部应力集中	（1）因应力集中（缺口）而加到一次或二次应力上的增量。（2）能引起疲劳但不引起容器形状变化的某些热应力
符号	σ_m	σ_L	σ_b	σ_q	σ_p

应力分量的组合和应力强度的许用极限

σ_m

$S_I \leqslant KS_m$

σ_L　　$\sigma_L + \sigma_b$　　$\sigma_L + \sigma_b + \sigma_q$　　$\sigma_L + \sigma_b + \sigma_q + \sigma_p$

——用设计载荷

----用工作载荷　$S_{II} \leqslant 1.5KS_m$　$S_{III} \leqslant 1.5KS_m$　$S_{IV} \leqslant 3KS_m$　$S_V \leqslant S_a$

(1)符号 σ_m、σ_L、σ_b、σ_q 和 σ_p 不是只表示一个量，而是表示 σ_x、σ_θ 和 σ_z、$\tau_{x\theta}$、τ_{xz}、$\tau_{z\theta}$ 一组共六个 mm 分量。叠加是指每种分量各自分别叠加。

(2)属于 σ_q 类的应力组是指扣除该点处一次应力后，由于热梯度与结构不连续引起的应力。应注意的是，通常，详细的应力分析给出的是一次应力与二次应力之和 σ_m（或 σ_L）$+ \sigma_b + \sigma_q$，而不单是二次应力 σ_q，同样，σ_p 类应力是指由局部应力集中引起的名义应力的增量部分。

(3)载荷系数 K 由表 3 - 3 给出。

(4) $S_{IV} \leqslant 3S_m$ 所限制的是一次加二次应力强度的范围，而 $3S_m$ 值应取正常工作循环时（周期性运行期间）最高与最低温度下材料 S_m 的平均值的 3 倍。在确定一次加二次应力范围时，应考虑各种不同来源的工作循环的重叠，因而总的应力强度范围可能超出任一单独的循环的范围。由于在每一特定的工作循环或循环组合中对应的温度范围可能是不相同的，因而相应的 S_m 值也可以是不相同的，所以对这些工作循环或循环组合下限定不允许超出的 $3S_m$ 值应当小心地确定。

(5)从疲劳曲线得到，对于全幅度的脉动循环，允许的峰值应力强度值（指应力强度范围）应为 $2S_a$

表 3 - 2 应力分类及应力强度极限值(ASME)

应力种类	一次应力			二次应力	峰值应力
	总体薄膜	局部薄膜	弯曲		
说明	沿实心截面的平均一次应力。不包括不连续和应力集中。仅由机械载荷引起	沿任意实心截面的平均应力。考虑不连续但不包括应力集中。仅由机械载荷引起	和离实心截面形心的距离成正比的一次应力分量。不包括不连续和应力集中。仅由机械载荷引起	为满足结构连续所需要的自平衡应力。发生在结构的不连续处，可以由机械载荷或热膨胀差引起的。不包括局部应力集中	(1)因应力集中(缺口)而加到一次或二次应力上的增。(2)能引起疲劳但不引起容器形状变化的某些热应力
符号	σ_m	σ_L	σ_b	σ_q	σ_p
应力分量的组合和应力强度的许用极限	——用设计载荷 ----用工作载荷				

表 3 - 3 载荷组合系数 K

条件		载荷组合	K 值	计算应力的基准
设计载荷	A	设计压力、自重、内装物料、附属设备及外部配件的重力载荷	1.0	设计温度下，不计腐蚀裕量的厚度
	B	A + 风载荷	1.2	
	C	A + 地震载荷	1.2	
试验载荷	A	试验压力、自重，内装物料、附属设备及外部配件的重力载荷	液压试验为 1.25，气压试验为 1.15	实际设计数值

(1)不需要同时考虑风载荷与地震载荷；

(2)风载荷与地震载荷的计算方法按有关规定；

(3)一次总体薄膜应力在屈服点以下

3.2.4 设计应力强度(许用应力)

在 JB 4732—1995(R2005)中所用材料的许用应力确定依据如下：

除螺栓材料外，一般钢材的设计应力强度为下列各值中的最低者：

(1)常温下标准抗拉强度(R_m)的 1/2.6；

(2)常温下屈服强度 R_{eL}($R_{p0.2}$)的 1/1.5；

(3)设计温度下屈服强度 R_{eL}^t($R_{p0.2}^t$)的 1/1.5。

而 ASME BPVC Ⅷ.2 中所用材料的许用应力为设计温度下屈服强度 R_{eL}^t($R_{p0.2}^t$)的 1/1.5。

第4章　端面弧齿静应力分布及接触状态分析

4.1　非线性有限元理论及其在端面弧齿强度分析中的应用

4.1.1　有限元法

有限元方法(Finite element method)是求解各种复杂数学物理问题的重要方法，在结构分析、流体分析、热分析、电磁分析等领域发挥了重要作用。结构分析有限元法的基本原理是：将连续体分割成很多足够小的单元，单元之间在节点处以铰链形式进行连接，由单元组合而成的结构近似替代原来的连续结构。由于每个单元的结构已知，可求得其弹性特征，进而得到组合结构的弹性特征。在一定的载荷作用下，将每个小单元上原来的偏微分方程简化成线性方程进行求解(单元越小，结果越接近真实情况)，再通过单元间的传递求出各节点的位移、应力等。在划分的单元体中，基于位移、应变、应力三大变量，可以建立三类方程：①受力状况的描述——平衡方程(Equilibrium equation)；②变形程度的描述——几何方程(Strain - displacement relationship)；③材料的描述，物理方程——应力应变关系或本构方程(Stress - strain relationship or Constitutive equation)。

4.1.2　有限元法基本原理

有限元法是变分问题的一种，可用势能极小原理和虚功原理进行求解。最小势能原理：在所有变形可能的位移场中，真实的位移场使总势能泛函取最小值。即：

$$\delta\varPi = 0 \tag{4-1}$$

式中，δ 为总势能 $\varPi$ 的(无穷小)变分。

总势能 Π 可表示为公式 $(4-2)$[124]，其中第一项为应变能，后两项为分布载荷势能，分别为面域载荷引起的势能以及边界载荷引起的势能。

$$\Pi = \int_{\Omega} \frac{1}{2} \{\varepsilon\}^T [D] \{\varepsilon\} \, d\Omega - \int_{\Omega} \{u\}^T \{p\} \, d\Omega - \int_{\Gamma_q} \{u\}^T \{T\} \, d\Gamma \qquad (4-2)$$

式中，$\{u\}$ 为位移，其表达式见公式 $(4-3)$；$\{\varepsilon\}$ 为应变，表达形式见公式 $(4-4)$；$[D]$ 为弹性系数矩阵，表示为公式 $(4-5)$；因而应力张量 $\{\sigma\}$ 可表示为 $[D]\{\varepsilon\}$，见公式 $(4-6)$；$\{p\}$ 为平面域 Ω 内单元面积载荷，见公式 $(4-7)$；T 为平面域受力边界 Γ_q 上单位长度载荷，见公式 $(4-8)$，示意图见图 $4-1$。

$$\{u\} = [u_x(x, y, z) \quad u_y(x, y, z) \quad u_z(x, y, z)]^T \qquad (4-3)$$

$$\{\varepsilon\} = \begin{Bmatrix} \varepsilon_x \\ \varepsilon_y \\ \varepsilon_z \\ \gamma_{xy} \\ \gamma_{yz} \\ \gamma_{zx} \end{Bmatrix} = \begin{bmatrix} \dfrac{\partial}{\partial x} & 0 & 0 \\ 0 & \dfrac{\partial}{\partial y} & 0 \\ 0 & 0 & \dfrac{\partial}{\partial z} \\ \dfrac{\partial}{\partial y} & \dfrac{\partial}{\partial x} & 0 \\ 0 & \dfrac{\partial}{\partial z} & \dfrac{\partial}{\partial y} \\ \dfrac{\partial}{\partial z} & 0 & \dfrac{\partial}{\partial x} \end{bmatrix} \begin{Bmatrix} u_x \\ u_y \\ u_z \end{Bmatrix} \qquad (4-4)$$

$$[D] = \frac{E(1-\mu)}{(1+\mu)(1-2\mu)} \begin{bmatrix} 1 & \dfrac{\mu}{1-\mu} & \dfrac{\mu}{1-\mu} & 0 & 0 & 0 \\ \dfrac{\mu}{1-\mu} & 1 & \dfrac{\mu}{1-\mu} & 0 & 0 & 0 \\ \dfrac{\mu}{1-\mu} & \dfrac{\mu}{1-\mu} & 1 & 0 & 0 & 0 \\ 0 & 0 & 0 & \dfrac{1-2\mu}{2(1-\mu)} & 0 & 0 \\ 0 & 0 & 0 & 0 & \dfrac{1-2\mu}{2(1-\mu)} & 0 \\ 0 & 0 & 0 & 0 & 0 & \dfrac{1-2\mu}{2(1-\mu)} \end{bmatrix}$$

$$(4-5)$$

$$[\sigma] = \begin{Bmatrix} \sigma_x \\ \sigma_y \\ \sigma_z \\ \tau_{xy} \\ \tau_{yz} \\ \tau_{zx} \end{Bmatrix} = \frac{E(1-\mu)}{(1+\mu)(1-2\mu)} \begin{bmatrix} 1 & \dfrac{\mu}{1-\mu} & \dfrac{\mu}{1-\mu} & 0 & 0 & 0 \\ \dfrac{\mu}{1-\mu} & 1 & \dfrac{\mu}{1-\mu} & 0 & 0 & 0 \\ \dfrac{\mu}{1-\mu} & \dfrac{\mu}{1-\mu} & 1 & 0 & 0 & 0 \\ 0 & 0 & 0 & \dfrac{1-2\mu}{2(1-\mu)} & 0 & 0 \\ 0 & 0 & 0 & 0 & \dfrac{1-2\mu}{2(1-\mu)} & 0 \\ 0 & 0 & 0 & 0 & 0 & \dfrac{1-2\mu}{2(1-\mu)} \end{bmatrix} \begin{Bmatrix} \varepsilon_x \\ \varepsilon_y \\ \varepsilon_z \\ \gamma_{xy} \\ \gamma_{yz} \\ \gamma_{zx} \end{Bmatrix}$$

$$(4-6)$$

$$\{p\} = \begin{bmatrix} P_x & P_y & P_z \end{bmatrix}^T \qquad\qquad (4-7)$$

$$\{T\} = \begin{bmatrix} T_x & T_y & T_z \end{bmatrix}^T \qquad\qquad (4-8)$$

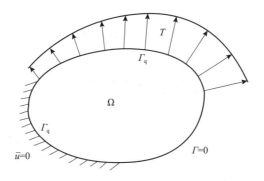

图 4 - 1　单元体载荷示意图

式(4 - 2)中的位移在给定位移 $\bar{u}$ 的边界 Γ_q 上还应满足几何约束条件式 (4 - 9)。

$$\{u\} = \{\bar{u}\} \qquad\qquad (4-9)$$

4.1.3　求解单元的定义

在有限元法中，将图 4 - 1 的复杂求解域 Ω 剖分为很多小的子域 Ω^e ($e=1$, 2, 3, …, m)，称为单元。单元内位移可用单元节点位移 δ^e 插值表示为公式 (4 - 10)。

$$\{u\} = [N]\{\delta^e\} \qquad (4-10)$$

式中，$[N]$ 为单元形状函数，对于图 4 - 2 所示的八节点六面体单元，形状函数表示为[125]：

$$[N] = \begin{bmatrix} N_1 & 0 & 0 & \vdots & N_2 & 0 & 0 & \vdots & \cdots & \vdots & N_8 & 0 & 0 \\ 0 & N_1 & 0 & \vdots & 0 & N_2 & 0 & \vdots & \cdots & \vdots & 0 & N_8 & 0 \\ 0 & 0 & N_1 & \vdots & 0 & 0 & N_2 & \vdots & \cdots & \vdots & 0 & 0 & N_8 \end{bmatrix}$$

$$(4-11)$$

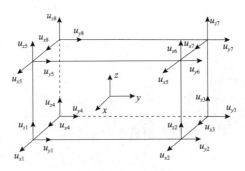

图 4 - 2　八节点正六面体单元

4.1.4　单元刚度矩阵及总体刚度矩阵

将式(4 - 10)代入式(4 - 4)可得：

$$\{\varepsilon\} = \begin{Bmatrix} \varepsilon_x \\ \varepsilon_y \\ \varepsilon_z \\ \gamma_{xy} \\ \gamma_{yz} \\ \gamma_{zx} \end{Bmatrix} = \begin{bmatrix} \dfrac{\partial}{\partial x} & 0 & 0 \\ 0 & \dfrac{\partial}{\partial y} & 0 \\ 0 & 0 & \dfrac{\partial}{\partial z} \\ \dfrac{\partial}{\partial y} & \dfrac{\partial}{\partial x} & 0 \\ 0 & \dfrac{\partial}{\partial z} & \dfrac{\partial}{\partial y} \\ \dfrac{\partial}{\partial z} & 0 & \dfrac{\partial}{\partial x} \end{bmatrix} \begin{bmatrix} N_1 & 0 & 0 & \cdots & N_8 & 0 & 0 \\ 0 & N_1 & 0 & \cdots & 0 & N_8 & 0 \\ 0 & 0 & N_1 & \cdots & 0 & 0 & N_8 \end{bmatrix} \{\delta^e\}$$

$$(4-12)$$

假设式(4 - 12)中 6×3 矩阵与 3×8 矩阵的乘积为 $[B]$，则式(4 - 12)可表示

为式(4-13)，$[B]$称为应变矩阵。

$$\{\varepsilon\} = [B]\{\delta^e\} \tag{4-13}$$

式(4-2)中的第一项应变能U^e可表示为：

$$U^e = \int_\Omega \frac{1}{2}\{\varepsilon\}^T[D]\{\varepsilon\}\,\mathrm{d}\Omega \tag{4-14}$$

将式(4-13)代入式(4-14)得：

$$U^e = \int_\Omega \frac{1}{2}\{\delta^e\}^T[B]^T[D][B]\{\varepsilon^e\}\,\mathrm{d}\Omega = \frac{1}{2}\{\delta^e\}^T[k^e]\{\varepsilon^e\} \tag{4-15}$$

其中，$[k^e] = \int_\Omega [B]^T[D][B]\,\mathrm{d}\Omega$，称为单元刚度矩阵。

在一定条件下结构的总应变能为全部单元应变能的总和，表示为：

$$U = \sum_{i=1}^m U^e = \sum_{i=1}^m \frac{1}{2}\{\delta^e\}^T[k^e]\{\varepsilon^e\} \tag{4-16}$$

式(4-16)中，m为单元数。可知，结构总应变能为各节点位移的二次型。节点位移向量可表示为：

$$\{\delta\} = [\delta_1 \quad \delta_2 \quad \cdots \quad \delta_n] \tag{4-17}$$

其中，n为节点数。可将应变能表示为：

$$U = \frac{1}{2}\{\delta\}^T[K]\{\delta\} \tag{4-18}$$

式(4-18)中，$[K]$称为总体刚度矩阵，是所有单元刚度矩阵的叠加。即：

$$[K] = \sum_{i=1}^m [k^e] \tag{4-19}$$

4.1.5　节点载荷与位移方程

式(4-2)的后两项为分布载荷的势能，可用外力功W的相反数表示，因此外力功W可表示为：

$$W = \int_\Omega \{u\}^T\{p\}\,\mathrm{d}\Omega + \int_{\Gamma_q}\{u\}^T\{T\}\,\mathrm{d}\Gamma \tag{4-20}$$

将式(4-10)代入式(4-20)得：

$$W = \sum\left(\int_\Omega \{\varepsilon^e\}^T[N]^T\{p\}\,\mathrm{d}\Omega + \int_{\Gamma_q}\{\varepsilon^e\}^T[N]^T\{T\}\,\mathrm{d}\Gamma\right) \tag{4-21}$$

$$= \sum(\{\varepsilon^e\}^T\{Q_p^e\} + \{\varepsilon^e\}^T\{Q_T^e\})$$

其中：

$$\left.\begin{array}{l}\{Q_p^e\} = \int_{\Omega} [N]^T \{p\} \, \mathrm{d}\Omega \\[2mm] \{Q_T^e\} = \int_{\Gamma_q} [N]^T \{T\} \, \mathrm{d}\Gamma\end{array}\right\} \tag{4-22}$$

式中，$\{Q_p^e\}$ 为单元 e 中面分布载荷 $\{p\}$ 分配到单元 e 各节点处的外载荷；$\{Q_T^e\}$ 为单元所受边界载荷 $\{T\}$ 分配到单元 e 各节点处的外载荷，二者之和即为单元的总载荷 $\{Q^e\}$，表示为式(4-23)，从而外力功可表示为式(4-24)。

$$\{Q^e\} = \{Q_p^e\} + \{Q_T^e\} \tag{4-23}$$

$$W = \sum_{i=1}^{m} \{\delta^e\}\{Q^e\} = \{\delta\}^T\{Q\} \tag{4-24}$$

如结构还承受集中载荷，则应把有集中载荷处划为节点，将集中载荷加入总载荷列阵 $\{Q\}$ 中。

$$\Pi = U - W = \frac{1}{2}\{\delta\}^T[K]\{\delta\} - \{\delta\}^T\{Q\} \tag{4-25}$$

式中，$\{\delta\}$ 为所有单元节点位移的叠加；$\{Q\}$ 为所有单元载荷的叠加。

这样就建立了分片插值的位移与泛函数式(4-2)之间的联系，泛函数离散化为节点位移 $\{\delta\}$ 的多元函数，连续问题变成了有限自由度系统问题。将泛函极值条件 $\delta\Pi = 0$ 转化为一般多元函数的极值条件，见式(4-26)。

$$\frac{\partial \Pi}{\partial \delta_i} = 0 \quad (i = 1, 2, \cdots, N) \tag{4-26}$$

式中，N 为此结构剖分单元之后节点自由度总数，联立式(4-25)和式(4-26)，可得节点位移方程(4-27)。

$$[K]\{\delta\} = \{Q\} \tag{4-27}$$

按几何约束条件式(4-9)，可以确定 Γ_q 上被限定的节点位移值，将位移约束引入式(4-27)，修正节点位移方程，得到节点位移再求应力，完成有限元法的求解。

4.1.6　非线性分析

经典的有限元法属线性理论范畴，而端面弧齿的接触研究在本质上则属非线性，因此，在接触问题研究中必须引入非线性有限元法。如果结构的受力与变形之间、位移与应变之间均满足线性条件，称为线性分析。但在实际工程中，几乎不存在理想的线性行为，大多数问题具有非线性性质。引起结构非线性的原因很多，主要归结为几何非线性、材料非线性和状态非线性三类。

1. 几何非线性

几何非线性源于大变形，如果结构经受大变形，它变化的几何形状可能会引起结构的非线性响应。结构的总刚度依赖于它的组成部件(单元)的方向和刚度，当一个单元的结点经历位移后，该单元对总体结构刚度的贡献以两种方式发生改变。(1)形状改变引起的单元刚度改变[图4-3(a)]；(2)单元取向改变引起的局部刚度转化到全局部件的变换也将改变[图4-3(b)]。小变形分析假定位移小到对刚度的改变无足轻重；大变形分析时由单元的形状和取向改变导致的刚度改变不可忽略，也带来收敛困难，在网格划分和求解方法上需采取一定措施。建模时为避免过大长宽比及过度扭曲单元，应根据变形特点进行建模，例如图4-4，改变初始网格形状以产生合理的最终结果。

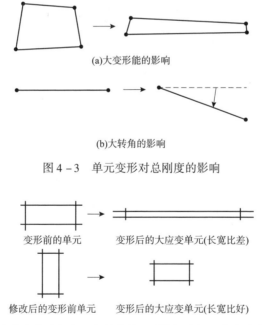

(a)大变形能的影响

(b)大转角的影响

图4-3 单元变形对总刚度的影响

变形前的单元   变形后的大应变单元(长宽比差)

修改后的变形前单元   变形后的大应变单元(长宽比好)

图4-4 在大应变分析中避免低劣单元形状的发展具有小应变的大偏移

2. 材料非线性

材料非线性产生的原因是应力应变的非线性关系。金属材料的应力超过比例极限后体现出非线性，而非金属材料的应力应变关系本身就是非线性的。塑性理论包括屈服准则、流动准则和强化准则，Mises 屈服准则的等效应力为：

$$\sigma_e = \sqrt{\frac{1}{2}\left[(\sigma_1 - \sigma_2)^2 + (\sigma_2 - \sigma_3)^2 + (\sigma_3 - \sigma_1)^2\right]} \qquad (4-28)$$

当等效应力超过材料的屈服应力时，将会发生塑性变形。

流动准则描述了发生屈服时，塑性应变的方向，即单个塑性应变分量如何随着屈服而发展。垂直于屈服面方向发展塑性应变准则称为相关流动准则，其他流动准则称为不相关的流动准则。强化准则描述了初始屈服随着塑性应变的增加如何进行发展，通常包括等向强化和随动强化准则。等向强化是屈服面以材料中所作塑性功的大小为基础进行扩张，见图 4 - 5，由于等向强化，在受压方向的屈服应力等于受拉过程中所达到的最高应力。随动强化假定屈服面的大小保持不变，而仅在屈服的方向上移动，当

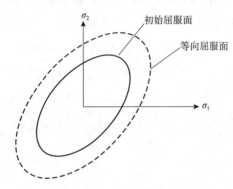

图 4 - 5 等向强化时的屈服面变化图

某个方向的屈服应力升高时，其相反方向的屈服应力降低，见图 4 - 6。在随动强化中，由于拉伸方向屈服应力的增加导致压缩方向屈服应力的降低，所以在对应的两个屈服应力之间总存一个 $2\sigma_s$ 的差值，初始各向同性的材料在屈服后将不再各向同性，称为鲍辛格效应(图 4 - 7)。

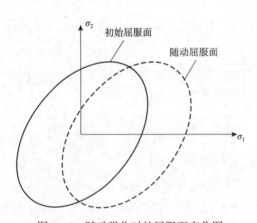

图 4 - 6 随动强化时的屈服面变化图

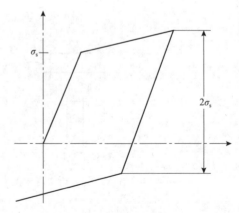

图 4 - 7 鲍辛格效应

随动强化包括双线性随动强化和多线性随动强化，见图 4 - 8。双线性随动

强化使用一个双线性来表示应力应变曲线，所以有两个斜率，弹性斜率和塑性斜率，由于随动强化的 von Mises 屈服准则被使用，所以包含有鲍辛格效应，此选项适用于遵守 von Mises 屈服准则，初始为各向同性材料的小应变问题，这包括大多数的金属。双线性随动强化需要给出屈服应力和切向斜率，可以定义高达6条不同温度下的曲线。多线性随动强化使用多线性来表示应力–应变曲线，模拟随动强化效应，这个选项使用 von Mises 屈服准则，对使用双线性选项不能足够表示应力–应变曲线的小应变分析很有用。多线性随动强化需要给出包括最多5个应力–应变数据点(用数据表输入)，可以定义5条不同温度下的曲线。

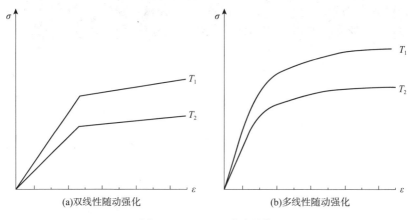

图 4 - 8 ANSYS 随动强化

3. 状态非线性(包括接触)

状态非线性是一种与状态相关的非线性行为，系统的刚度由于系统状态的改变在不同的值之间突然变化。例如绳索的松弛和绷紧、冻土的结冻和融化、在端面弧齿中齿的接触和不接触。

当两个分离的表面互相碰触并互切时，表明其处于接触状态。处于接触状态的表面有以下特点：

① 互不穿透；

② 能够传递法向压力和切向摩擦力；

③ 通常不传递法向拉力。

因此，两接触面可以自由地分开并远离。

(1)接触状态与接触刚度

接触问题是状态改变非线性问题，即系统的刚度依赖于接触状态，见图4 – 9，接触状态由开到闭合过程中,接触力经历了图4-10所示的未接触阶段,接触力为0、开始接触阶段,接触力逐渐增加、到闭合接触阶段,接触力急剧增加。图4-10中,F为接触力,u为接触体的位移。

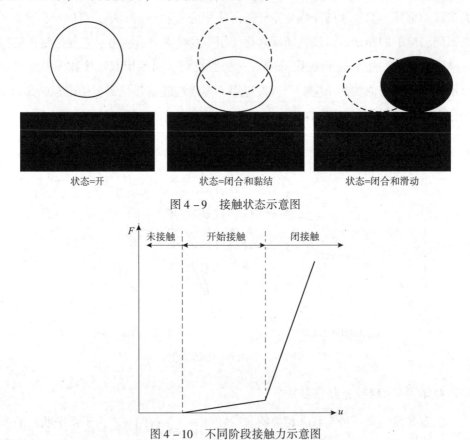

状态=开   状态=闭合和黏结   状态=闭合和滑动

图4-9   接触状态示意图

图4-10   不同阶段接触力示意图

接触问题是一种高度非线性行为,其难点在于:①无法在求解之前判断区域是否接触;②摩擦使问题的收敛性变得困难。

(2)接触类型

接触问题通常可分为两种类型:刚体-柔性体的接触,以及柔性体-柔性体的接触。在刚体-柔性体的接触问题中,将其中一个或多个接触面视为刚体,刚体的刚度远大于与其接触的变形体,软材料和硬材料接触时,可归结为此类接触。柔性体-柔性体接触是一种更普遍的类型,此时两个接触体都是变形体,有近似的刚度,如端面弧齿的接触,接触面两侧材料相同,有相同的刚度。

无论刚体-柔性体接触还是柔性体-柔性体接触,都包含三种接触方式:

点 – 点、点 – 面、面 – 面，每种接触方式使用的接触单元适用于某类问题。

①点 – 点接触单元

点 – 点接触单元主要用于模拟点 – 点的接触行为，只适用于接触面之间有较小相对滑动情况（即使在几何非线性情况下）。如果两个面上的节点一一对应，相对滑动忽略不计，两个面挠度（转动）保持小量时，可以用点 – 点的接触单元来求解面 – 面的接触问题。

②点 – 面接触单元

点 – 面接触单元主要用于模拟点 – 面的接触行为。如果通过一组节点来定义接触面，生成多个单元，可以通过点 – 面触单元来模拟点 – 面接触问题，面既可以是刚性体也可以是柔性体。点 – 面接触单元不需要预先知道确切的接触位置，接触面之间也无需保持一致的网格，并且允许有大的变形和大的相对滑动。

③面 – 面接触单元

面 – 面接触单元主要用于模拟面 – 面的接触行为。刚体 – 柔性体的面 – 面的接触单元，通常将刚性面作为"目标"面，柔性体作为"接触"面。一组目标单元和一组接触单元称为一个"接触对"，程序通过共享的实常号来识别"接触对"。面 – 面接触单元可以支持低阶和高阶单元，支持大滑动和摩擦的大变形，协调刚度阵计算，提供工程中更好的接触结果。例如法向压力和摩擦应力，没有刚体表面形状的限制。

（3）接触协调

由于非穿透条件和压应力条件，接触问题中含有不等式约束。因此，必须在两个面间建立一种关系，防止它们在有限元分析中相互穿过，这种关系称为强制接触协调，其原理见图 4 – 11。

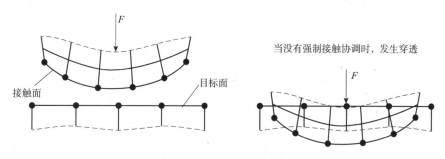

图 4 – 11 接触协调原理

通常处理弹性接触协调问题的根本方法是罚函数法和 Lagrange 乘子法。接触问题属非线性问题，通常只能用数值的方法，例如牛顿－拉弗森法迭代求解。在非线性有限元中，为了确定切线刚度矩阵和接触余量，描述接触问题的非线性方程组需要线性化。

在接触过程的计算中，根本性的问题是如何满足非穿透性条件[126]。如果不考虑物体自身的相互接触，两个物体间的相互接触可用图4－12形象化地表示。

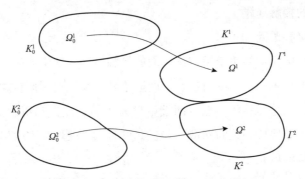

图4－12 两个物体间的相互接触

物体 $i(i=1,2)$ 分别具有内部区域 Ω^i 和边界 Γ^i。在体力和面力的作用下，物体在空间中运动。在任一时刻每个物体的边界由三部分组成，即：

$$\Gamma = \Gamma_v \cup \Gamma_q \cup \Gamma_c \qquad (4-29)$$

式中，Γ_v 表示已给定位移的边界；Γ_q 表示已给定应力的边界；Γ_c 表示接触边界。

非穿透性条件是指在任一时刻任一物体的内点不可能同时属于另一个物体，即区域 Ω^1 和 Ω^2 的交集为空集，如式(4－30)：

$$\Omega^1 \cap \Omega^2 = \phi \qquad (4-30)$$

这一非穿透性条件在边界上可表示为式(4－31)：

$$\Gamma^1 \cap \Gamma^2 = \begin{cases} \phi \\ \Gamma^1 = \Gamma^2 \end{cases} \qquad (4-31)$$

非穿透性条件亦可借助于一个定义在边界上的距离函数 g_N 来描述，即 $g_N \geq 0$。此外在接触区域上还有单向应力条件，法向应力必须为压应力，即 $p_N \leq 0$。综合非穿透性条件和压应力条件，则得描述连续体法向接触的互补问题：

$$g_N \geq 0, \quad p_N \leq 0, \quad g_N p_N = 0 \qquad (4-32)$$

式(4－32)中还表明只有在接触区域，即 $g_N = 0$，才能传递作用力。对于带有摩擦的接触问题也有类似的互补条件。接触区域不能承受拉应力，因而导致单面约束,以使对给定接触区域的接触问题也成为非线性问题。

①罚函数法

强制接触协调的罚函数法,是用一个接触"弹簧"在两个面间建立关系,弹簧刚度称为惩罚参数(接触刚度)。

当面分开时(开状态),弹簧不起作用;当面开始穿透时(闭合),弹簧起作用(图4-13)。弹簧偏移量 Δ 满足平衡方程:

$$F = k\Delta \tag{4-33}$$

式中,k 为接触刚度;F 为接触力。

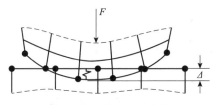

图4-13　罚函数法定义

数学上要求有限的穿透量 Δ 在交界面处产生接触力,平衡需要此接触力。为实现平衡,Δ 必须大于零。而事实上接触体不能互相穿透,Δ 的值必须足够小,这意味着理想的接触刚度必须足够大。但接触刚度太大,微小的穿透将会产生很大的接触力,在下一次迭代中可能会将接触面推开,见图4-14。因此,接触刚度过大将会导致收敛振荡,引起收敛困难,甚至发散。因此,需要正确确定接触刚度,通常采用自适应方式,首先选取较低的接触刚度,如果因为接触刚度低导致接触面相互穿透,可逐步提高接触刚度,直至计算收敛。

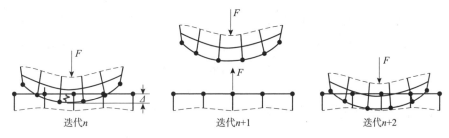

迭代n　　　　迭代$n+1$　　　　迭代$n+2$

图4-14　接触刚度及其在迭代过程中的作用

②Lagrange 乘子法

另外一种方法,Lagrange 乘子法,增加一个附加自由度(接触压力),来满足不可穿透条件(图4-15)。通常可将罚函数法和 Lagrange 乘子法结合起来进行强制接触协调，称为增广 Lagrange 法。增广 Lagrange 法在迭代的开始阶段，基于惩罚刚度确定接触协调，一旦达到平衡，检查穿透容差，如果有必要，接触压力增加，迭代继续，直至容差小于许可值。

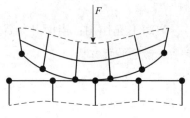

图 4 – 15　Lagrange 乘子法

4.2　端面弧齿有限元模型

端面弧齿转子与整体转子的不同在于接触界面，由于接触界面必须满足非穿透条件，使得其约束中含有不等式，而摩擦的存在使关于切向接触的研究变得十分复杂。接触问题属于非线性问题[126]，目前尚无法得到其应力分布的解析解，只能通过数值方法计算，例如通过有限元软件 ANSYS 进行分析。针对端面弧齿和周向拉杆的特性，建立重型燃气轮机透平端面弧齿转子模型，采用接触有限元法，引入摩擦、接触界面等非线性行为，考虑周向拉杆与侧壁的随动接触，研究端面弧齿转子在预紧、升温、升速以及工作过程的接触行为及应力分布规律。

依据齿面方程，建立端面弧齿计算模型。此外，也可以通过 PTC Creo 等 CAD 软件，由加工原理直接建立端面弧齿模型，此时可以跳过齿面方程环节。陈怀国说明了端面弧齿在 Pro/E 中建模的过程[127]。通过齿面方程建模的优点是可以实现参数化，尤其是在优化设计过程中，齿面方程可以用于齿形优化。此外，齿面方程在端面弧齿数控加工过程中也必不可少。

4.2.1　建模及网格划分

以某一重型燃气轮机转子的透平端为例说明端面弧齿转子的静应力及接触分析过程。该燃气轮机透平端有 4 级轮盘，端面弧齿齿数为 180，轮盘用 12 根周向拉杆连接，采用分段预紧，通过中间过渡部分与压气端连接，研究端面弧齿静应力分布规律时，端面弧齿的静载荷基本不受压气端影响，只需将压气端相应的边界条件加在透平端即可。建模时对轮盘部分进行了简化，拉杆螺母处的螺纹也进行了简化，该简化不会改变拉杆的预紧力大小，只会在螺母根部造成应力奇异，根据圣维南原理，简化时应力的奇异仅会影响到简化周围的一定范围，因而不会影响端面弧齿的应力状态，端面弧齿是研究的重点，没有进行简化。由结构的周期对称性，可取 1/12 循环对称模型进行研究，建立有限元模型(图 4 - 16)。该模型涉及三种接触界面，分别为端面弧齿之间、拉杆螺母与轮盘以及拉杆与轮盘孔侧壁的接触。

网格划分的原则是既要考虑计算机的计算能力，又要考虑计算精度，对主要关心的区域(端面弧齿部分)网格划分较密，以保证计算精度，对于轮盘等大多数连续实体，网格划分较疏，保证计算速度，根据这一原则划分网格见图 4 - 16。左上角为端面弧齿网格的局部放大图，右上角局部放大图反映了端面弧齿的接触情况。

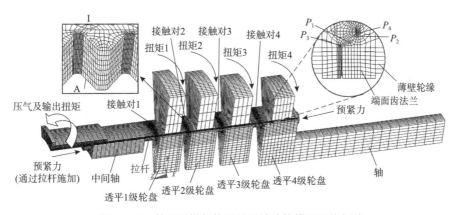

图 4 - 16　某重型燃气轮机透平端计算模型网格划分

根据 Richardson, IJ 等人[3] 所做实验与有限元计算结果对比，当端面弧齿处网格达到图 4 - 17 的密度时，数值计算结果与实验结果基本吻合。图 4 - 16 端面弧齿网格与图 4 - 17 相比，接触面网格数基本相同，但图 4 - 16 与图 4 - 17 端面弧齿的压力角不同，在图 4 - 16 中，端面弧齿内部采用 Sweep 方式划分网格，目的是使其更加均匀，因此按照图 4 - 16 划分的网格可以满足有限元计算精度。

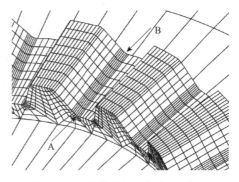

图 4 - 17　文献中经过实验验证的端面弧齿网格划分

4.2.2 材料特性

重型燃气轮机的使用条件为高温重载，因此拉杆和轮盘材料均采用高温合金，其材料特性列于表4－1，根据计算结果，拉杆螺母根部出现少量塑性变形，表4－2中给出了部分应力－应变关系，轮盘部分无塑性变形，因此没有给出轮盘材料的塑性阶段应力－应变数据。

表4－1　燃气轮机转子材料特性

属性	材料	0℃	100℃	200℃	300℃	400℃	500℃	600℃	700℃
弹性模量 E/GPa	No. 1	198	193	186	181	173	165	157	150
	No. 2	204	198	189	181	176	160	150	143
泊松比 ν	No. 1	0. 375	0. 375	0. 375	0. 375	0. 375	0. 375	0. 375	0. 375
	No. 2	0. 3	0. 3	0. 3	0. 3	0. 31	0. 32	0. 32	0. 33
线膨胀系数 $\alpha_0/10^{-5}℃^{-1}$	No. 1		1. 537	1. 609	1. 631	1. 684	1. 758	1. 806	1. 874
	No. 2		1. 18	1. 3	1. 35	1. 41	1. 44	1. 48	1. 54
热导率 $\lambda/(\mathrm{W}\cdot\mathrm{m}^{-1}\cdot℃^{-1})$	No. 1	12. 9	14. 2	15. 9	17. 2	18. 8	20. 5	22. 2	23. 9
	No. 2	13. 4	14. 7	15. 9	17. 8	18. 3	19. 6	21. 2	22. 8
$\sigma_{0.2}$/MPa	No. 1	950					890	830	
	No. 2	1030					930	860	
σ_b/MPa	No. 1	1030					930	860	
	No. 2	1280					1130	1000	
密度 $\gamma/(\mathrm{kg}\cdot\mathrm{m}^{-3})$	No. 1	7930							
	No. 2	8240							

注：对表4－1所列材料，No. 1为轮盘材料，No. 2为拉杆材料。

表4－2　拉杆材料应力－应变关系

20℃		300℃		400℃		500℃		600℃	
应力/MPa	应变	应力/MPa	应变	应力/MPa	应变	应力/MPa	应变	应力/MPa	应变
1030	0. 0058	990	0. 0058	960	0. 0058	930	0. 0058	860	0. 0058
1090	0. 0060	1050	0. 0060	1020	0. 0060	1020	0. 0060	1000	0. 0060
1110	0. 0062	1060	0. 0062	1030	0. 0062	1030	0. 0062	1020	0. 0062

4.2.3　边界条件的施加

有限元分析所采用的模型为十二分之一周期对称模型，在两侧面施加周期对称边界条件。预紧时对基准面的轴向位移进行限制，施加扭矩时还需对转子端部的周向位移进行限制。离心力作为惯性载荷施加，扭矩力通过对相应节点施加切向力实现，切向力的大小需根据扭矩以及该处径向尺寸计算，温度的施加是先进行温度场分析，再将温度场分析结果作为体载荷施加。边界条件中最重要的是拉杆预紧力的施加，预紧力施加的效果直接影响到端面弧齿乃至整个轮盘的应力分布。ANSYS 软件中可以通过三种方法施加预紧力：一种是采用 ANSYS 中预紧单元 PRETS179 模拟螺栓的预紧力，但 PRETS179 预紧单元不支持周期对称边界条件，需要建立整体模型或对称模型，增加计算工作量；另一种是采用降温法模拟预紧力，对于大多数材料，温度降低时会产生收缩变形，而当该变形受到抑制时会产生温度应力，相当于对拉杆施加了预紧力，但如果另有温度边界条件时二者容易混淆，也造成线膨胀系数设置的困难（不同温度下材料线膨胀系数不同），因而也不宜采用；第三种方法是建模时将拉杆、螺母之间距离缩短，并在螺母和预紧表面建立接触单元，然后进行计算，当接触单元按照一定的容差接触后，拉杆受到拉力伸长，轮盘受到压力缩短，即可模拟出拉杆的预紧力，与前两种方法相比，该方法更适合模拟预紧力。

螺母距离缩短量的计算比较复杂，理论上应该等于拉杆伸长量和轮盘缩短量之和，拉杆的伸长 Δl_b 和轮盘的缩短 Δl_m 分别可以表示为：$\Delta l_b = P/k_b$，$\Delta l_m = P/k_m$，P 为预紧载荷，k_b 和 k_m 分别为拉杆和轮盘的刚度。对于该燃气轮机转子，拉杆的预紧长度为 $\Delta l_b = 5.6\text{mm}$，并且拉杆的刚度 k_b 很容易确定，因为拉杆的受力基本为单向应力状态，即 $k_b = EA/l_b$。其中，E 为弹性模量，A 为拉杆截面积，l_b 为拉杆的长度。由此可以得到预紧载荷 P。拉杆和轮盘的预紧载荷为作用力和反作用力关系，只要得到轮盘的刚度值即可得到轮盘缩短量 Δl_m。但轮盘刚度的确定极为复杂，既有形状复杂的端面弧齿，也有端面弧齿两侧的薄壁部分，还有直径很大的轮盘实体，文献[20，23]中提到了一些确定轮盘刚度的方法，但仅针对形状较为简单的轮盘，而且只是一些近似方法，不足以应用到复杂的燃气轮机转子。因此，本书提出一种通过试算确定轮盘刚度的方法。即首先通过近似方法算得一个拉杆长度；然后采用有限元法根据该拉杆长度对端面弧齿转子建模，并进行分析计算，对比得到的拉杆伸长是否与预定的伸长一致，再修正拉杆长度，重新计算，直到计算得到的拉杆伸长与预定值一致，将此时轮盘的缩短量代入上述公式即可得到轮盘刚度。改变拉杆预紧长度时，只需根据求得的 k_m 重新计算即可。这个过程可以用图 4 – 18 所示的流程图来说明。

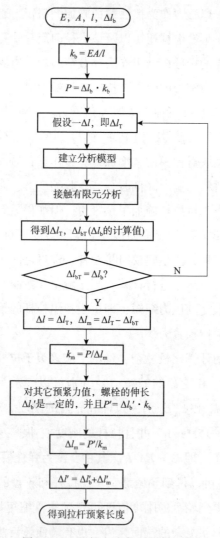

图 4 – 18　预紧力确定过程流程图

4.2.4　应力评定标准

叶轮材料 GH2132 和拉杆材料 GH4169 在常温以及 550℃和 650℃下的屈服强

度和抗拉强度分别列于表 4 – 3 ~ 表 4 – 6。根据 JB 4732—1995（R2005）和 ASME
BPVC Ⅷ.2 标准可分别计算出相应材料的许用应力。采用分析设计方法将转子所
受应力分成总体薄膜应力、局部薄膜应力、弯曲应力、二次应力和峰值应力。分别
根据两个标准给出叶轮材料 GH2132 和拉杆材料 GH4169 的总体薄膜应力、局部薄
膜应力、局部薄膜应力 + 弯曲应力、局部薄膜应力 + 弯曲应力 + 二次应力，以及局
部薄膜应力 + 弯曲应力 + 二次应力 + 峰值应力的极限值，列于表 4 – 3 ~ 表 4 – 6。

表 4 – 3　GH2132 盘形锻件极限应力强度值[依据 JB 4732—1995（R2005）]

说明	$\theta/℃$	20℃	550℃	650℃
屈服强度	$(R_{eL})R_{p0.2}/MPa$	620	590	588
抗拉强度	R_m/MPa	930	785	735
许用应力条件 1	$\dfrac{R_m}{2.6}/MPa$（室温）	358	358	358
许用应力条件 2	$\dfrac{R_{p0.2}}{1.5}/MPa$（室温）	413	413	413
许用应力条件 3	$\dfrac{R_{p0.2}^t}{1.5}/MPa$	413	393	392
许用应力（1、2、3 最小值）	S_m/MPa	358	358	358
总体薄膜应力（$K \cdot S_m$）	σ_m/MPa	358	358	358
局部薄膜应力（$1.5K \cdot S_m$）	σ_L/MPa	537	537	537
局部薄膜 + 弯曲应力（$1.5K \cdot S_m$）	$\sigma_L + \sigma_b/MPa$	537	537	537
局部薄膜 + 弯曲 + 二次应力（$3K \cdot S_m$）	$\sigma_L + \sigma_b + \sigma_q/MPa$	1074	1074	1074
总应力（$3K \cdot S_m$）	$\sigma_L + \sigma_b + \sigma_q + \sigma_p/MPa$	1074	1074	1074

表 4 – 4　GH2132 盘形锻件极限应力强度值（ 依据 ASME BPVC Ⅷ.2）

说明	$\theta/℃$	20℃	550℃	650℃
屈服强度	$(R_{eL})R_{p0.2}/MPa$	620	590	588
抗拉强度	R_m/MPa	930	785	735
许用应力	$S_m = \dfrac{R_{p0.2}^t}{1.5}/MPa$	413	393	392
总体薄膜应力（$K \cdot S_m$）	σ_m/MPa	413	393	392
局部薄膜应力（$1.5K \cdot S_m$）	σ_L/MPa	620	590	588
局部薄膜 + 弯曲应力（$1.5K \cdot S_m$）	$\sigma_L + \sigma_b/MPa$	620	590	588
局部薄膜 + 弯曲 + 二次应力（$3K \cdot S_m$）	$\sigma_L + \sigma_b + \sigma_q/MPa$	1240	1180	1180
总应力（$3K \cdot S_m$）	$\sigma_L + \sigma_b + \sigma_q + \sigma_p/MPa$	1240	1180	1180

表 4 – 5 GH4169 棒材极限应力强度值[依据 JB 4732—1995（ R2005）]

说明	$\theta/℃$	20℃	550℃	650℃
屈服强度	$(R_{eL})R_{p0.2}/MPa$	1030	900	860
抗拉强度	R_m/MPa	1280	1040	1000
许用应力条件 1	$\dfrac{R_m}{2.6}/MPa（室温）$	492	492	492
许用应力条件 2	$\dfrac{R_{p0.2}}{1.5}/MPa（室温）$	687	687	687
许用应力条件 3	$\dfrac{R_{p0.2}^t}{1.5}/MPa$	687	600	573
许用应力（1、2、3 最小值）	S_m/MPa	492	492	492
总体薄膜应力（$K·S_m$）	σ_m/MPa	492	492	492
局部薄膜应力（$1.5K·S_m$）	σ_L/MPa	738	738	738
局部薄膜 + 弯曲应力（$1.5K·S_m$）	$\sigma_L+\sigma_b/MPa$	738	738	738
局部薄膜 + 弯曲 + 二次应力（$3K·S_m$）	$\sigma_L+\sigma_b+\sigma_q/MPa$	1476	1476	1476
总应力（$3K·S_m$）	$\sigma_L+\sigma_b+\sigma_q+\sigma_p/MPa$	1476	1476	1476

表 4 – 6 GH4169 棒材极限应力强度值（ 依据 ASME BPVC Ⅷ. 2）

说明	$\theta/℃$	20℃	550℃	650℃
屈服强度	$(R_{eL})R_{p0.2}/MPa$	1030	900	860
抗拉强度	R_m/MPa	1280	1040	1000
许用应力	$S_m=\dfrac{R_{p0.2}^t}{1.5}/MPa$	687	600	573
总体薄膜应力（$K·S_m$）	σ_m/MPa	687	600	573
局部薄膜应力（$1.5K·S_m$）	σ_L/MPa	1030	900	860
局部薄膜 + 弯曲应力（$1.5K·S_m$）	$\sigma_L+\sigma_b/MPa$	1030	900	860
局部薄膜 + 弯曲 + 二次应力（$3K·S_m$）	$\sigma_L+\sigma_b+\sigma_q/MPa$	2060	1800	1720
总应力（$3K·S_m$）	$\sigma_L+\sigma_b+\sigma_q+\sigma_p/MPa$	2060	1800	1720

4.3 运行工况参数对端面弧齿应力分布的影响规律

对于端面弧齿连接的转子，装配中首先完成预紧过程，此时转子只受到预紧力作用，预紧完成后，使用中转子将受到离心力、扭矩力、温度载荷等作用，对端面弧齿在预紧力、离心力、扭矩力和温度载荷作用下的应力分布和接触状态进行研究，可为端面弧齿的设计提供参考。首先研究端面弧齿预紧过程中预紧力对端面弧齿的接触情况及应力分布的影响，进而研究升速过程中离心力对应力以及接触情况的影响，再分析工作中传递扭矩对其造成的进一步影响，最后进行温度场分析，将温度场分析结果作为温度载荷加到应力分析模型中，分析高温下端面弧齿连接转子的应力分布情况和接触状态。

4.3.1 预紧力对端面弧齿应力分布的影响

端面弧齿转子预紧完成后的 Intensity 等效应力(即第三强度理论等效应力)分布见图 4 - 19，von Mises 应力(即第四强度理论等效应力)分布见图 4 - 20。我国的 JB 4732—1995(R2005)标准采用的是第三强度理论，而美国的 ASME 锅炉和压力容器规范采用的是第四强度理论。可见，通过第三强度理论计算的等效应力高于第四强度理论，说明我国的标准偏于安全。因为转子各部分体积相差悬殊，也使其刚度相差很大，只有拉杆和端面弧齿部分应力较大，轮盘部分应力很小。最大应力发生在拉杆螺母根部(右上角局部放大图)，达到 1260MPa(第三强度理论)或 1110MPa(第四强度理论)，显然这一数值是忽略了拉杆螺母根部倒角等细节所致，由于连接处为螺纹连接的简化，所以会出现局部应力过大，但范围很小，属于峰值应力，应按照总应力进行评定，即局部薄膜应力 + 弯曲应力 + 二次应力 + 峰值应力($\sigma_L + \sigma_b + \sigma_q + \sigma_p$)，由表 4 - 5 和表 4 - 6 可知，拉杆材料的总应力极限值大于 1260MPa，该处的应力集中不会导致拉杆破坏。除螺母根部外，其他部位应力均小于 600MPa。尽管轮盘材料的许用应力达到 620MPa，但根据标准规定的许用应力计算方法，轮盘材料的许用应力只有 358MPa，即使按照 ASME 标准，也只有 413MPa，轮盘并非所有部位应力均小于许用应力，需要按照分析设计方法将应力进行分类，针对不同类型的应力进行评定。

由图 4 - 19 和图 4 - 20 可知，预紧后各对端面弧齿应力分布规律基本相同，只是在数值上稍有差异，并且凹齿的应力略大于凸齿，根据图 2 - 4，加工凹齿和凸齿的砂轮范成曲面相同，但方向相反。因此，对凹齿加工时去除材料多些，凸齿去除材料少些(砂轮直径越大，差别越小)，由此造成凸齿和凹齿应力稍有差别。以图 4 - 16 中接触对 2 为例说明端面弧齿应力分布情况。接触对 2 凸齿和凹齿按第三强度理论和第四强度理论计算的应力分布见图 4 - 21 ～图 4 - 24，可以看出，每个端面弧齿应力基本相同，12 根离散拉杆造成的应力局部化现象并不明显。

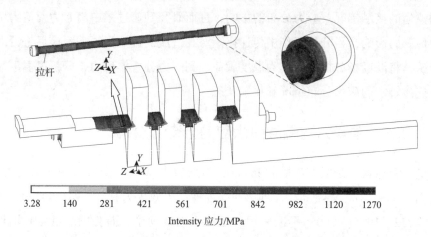

图 4 - 19　端面弧齿转子预紧完成后的 Intensity 应力分布

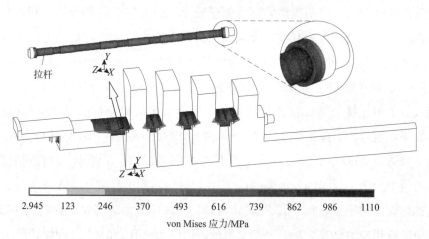

图 4 - 20　端面弧齿转子预紧完成后的 von Mises 应力分布

随着预紧力的改变，端面弧齿应力也将发生变化，当拉杆预紧 0.8mm、1.6mm、2.4mm、3.2mm、4.0mm、4.8mm 和 5.6mm 时，端面弧齿周向不同节点应力见图 4 - 21 ~ 图 4 - 24 右上角图，其节点位置见图 4 - 21 ~ 图 4 - 24 左上角图。可见，随着预紧力的增加，端面弧齿接触面处应力增加幅度更大，而非接触部位增加幅度较小，由此可知，预紧时端面弧齿的应力以齿面接触应力为主。最大应力均发生在接触面边缘处，即图 4 - 16 中 P_1、P_2 点，这与接触理论一致，对于非 Hertz 接触，在接触界面边缘上应力趋于无穷大[128]。对于凹齿，P_1 位于齿根附近，可变形幅度小，P_2点位于齿顶附近，可变形幅度大，P_1点应力大于P_2点应力，而凸齿则相反。通过计算，图4-21～图4-24中端面弧齿应力与预紧力呈线性关系，因此，在线性范围内可根据某一预紧力时的端面弧齿应力分布推知其他预紧力时的应力分布。

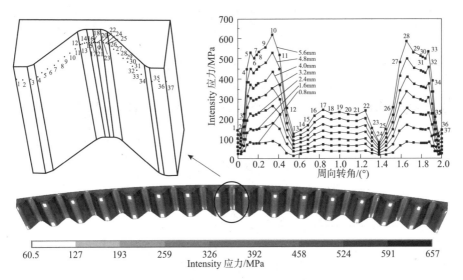

图4-21 接触对2凸齿Intensity应力分布

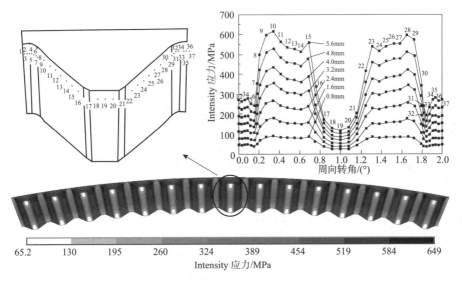

图4-22 接触对2凹齿Intensity应力分布

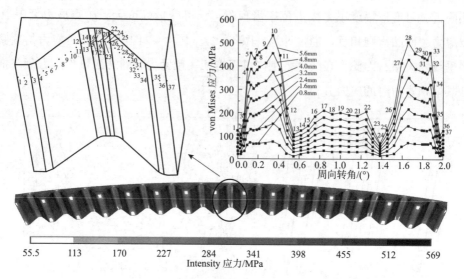

图 4 – 23　接触对 2 凸齿 von Mises 应力分布

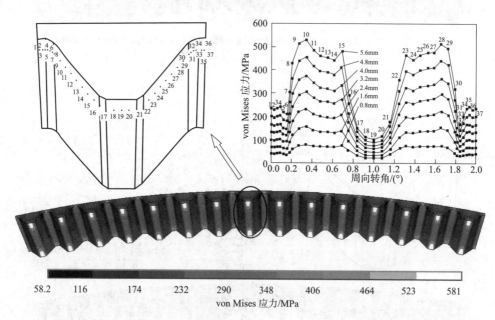

图 4 – 24　接触对 2 凹齿 von Mises 应力分布

预紧时端面弧齿应力不仅在周向上不同，在径向也有差别，为研究该差别，考虑接触边缘线上的应力变化，即图 4 – 16 中 A ~ I 点，其应力变化曲线见图 4 – 25，由图可见，接触应力在径向逐渐增加。由图 4 – 16 可知，端面弧齿两侧过渡部分的厚度小于端面弧齿配合部位的径向厚度，此段的变形受到约束较小，因此

应力较小，从内圈到外圈，应力逐渐增大，最大应力出现在端面弧齿外径处。这

种薄壁结构的设计确保了预紧时不会
出现由于内径处应力过大而导致外径
处脱开现象，而内径处由于离拉杆近，
亦不会出现此现象。该问题将会在下
一章薄壁结构对端面弧齿应力影响一
节详细讨论。

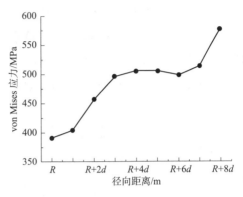

图 4 - 25　预紧后端面弧齿接触
边缘处径向应力变化曲线

采用分析设计方法对端面弧齿应
力进行评定。由图 4 - 19 和图 4 - 20
可知，预紧后转子仅在端面弧齿和端
面弧齿两侧薄壁部分应力较大，其余

部分应力很小，因此仅对这两部分进行评定。建立薄壁部分由内径到外径的路
径，见图 4 - 26。对该路径上的应力进行分类，将其划分为总体薄膜应力、局部
薄膜应力、弯曲应力、二次应力和峰值应力等。根据标准对总体薄膜应力（或局
部薄膜应力）、局部薄膜 + 弯曲应力和总应力进行评定。图 4 - 26 所示路径的线
性化结果见图 4 - 27，其中 σ_m 为总体薄膜应力，$\sigma_L + \sigma_b$ 为局部薄膜 + 弯曲应力，
$\sigma_L + \sigma_b + \sigma_q$ 为总应力，等于局部薄膜 + 弯曲应力 + 二次应力，某些情况下还包
括峰值应力。

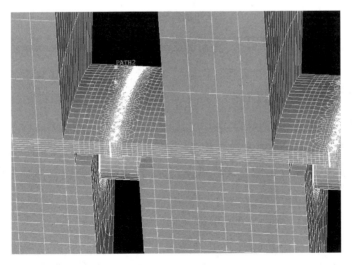

图 4 - 26　薄壁部分路径

根据 JB 4732—1995（R2005），GH4132 高温合金的总体薄膜应力需小于 358MPa，根据 ASME BPVC Ⅷ.2 标准 GH4132 高温合金的总体薄膜应力需小于 413MPa，图 4-27 所示结果为 354.3MPa，小于但非常接近标准规定数值，可见材料利用较为充分。根据分析设计标准，局部薄膜+弯曲应力需小于等于 1.5 倍许用应力，根据 JB 4732—1995（R2005），该值为 537MPa，根据 ASME BPVC Ⅷ.2，该值为 620MPa，均大于图 4-27 中的最大值。而总应力小于等于 3 倍许用应力，远大于计算值。通常，该类设备的破坏都是由于薄膜应力导致的破坏，因此需要确保薄膜应力在安全范围内。

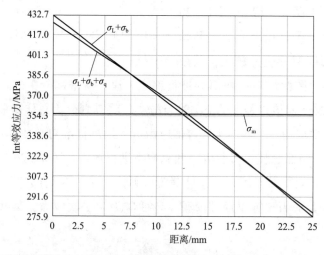

图 4-27 薄壁部分应力评定

对端面弧齿进行应力分析，与薄壁结构均匀分布的应力状态不同，端面弧齿不同位置应力差异很大，在齿顶、齿根、接触面等不同部位建立 5 条路径进行应力评定，见图 4-28。对以上路径上的应力进行分类，5 条路径的应力线性化结果分别见图 4-29～图 4-33。

图 4-29～图 4-33 中变量含义与图 4-27 相同。值得注意的是由于端面弧齿配合部位属于不连续结构，其薄膜应力应归于局部薄膜应力，而非总体薄膜应力，根据标准，局部薄膜应力小于等于 1.5 倍许用应力，即 $\sigma_L \leqslant 537\text{MPa}$［JB 4732—1995（R2005）］或 $\sigma_L \leqslant 620\text{MPa}$（ASME BPVC Ⅷ.2）。图 4-30～图 4-32 的弯曲应力具有衰减性，导致图中 $\sigma_L + \sigma_b$ 变化非常剧烈，含有二次应力成分，该部分的 $\sigma_L + \sigma_b$ 应按照 $\sigma_L + \sigma_b + \sigma_q$ 进行评定，即小于 3 倍许用应力，该值为 1074［对应 JB 4732—1995（R2005）］或 1240（对应 ASME BPVC Ⅷ.2）。由此可见，全

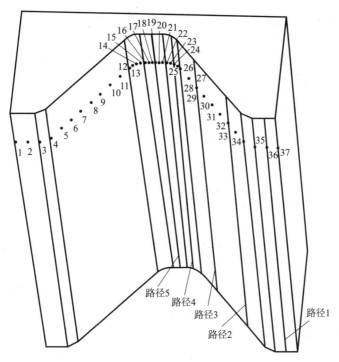

图 4 - 28 端面弧齿应力评定路径

部应力均在极限应力强度值范围内。对于设备而言，导致其破坏的往往是薄膜应力，图 4 - 29 ~ 图 4 - 33 中薄膜应力小于但接近极限应力强度值，材料可以得到充分利用。

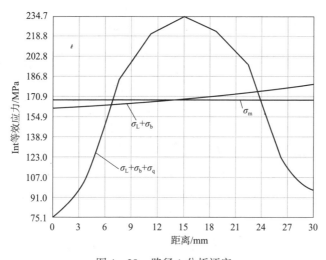

图 4 - 29 路径 1 分析评定

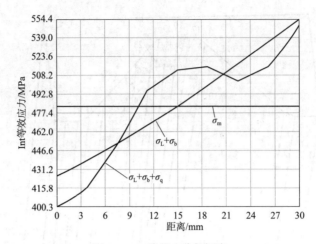

图 4 – 30　路径 2 分析评定

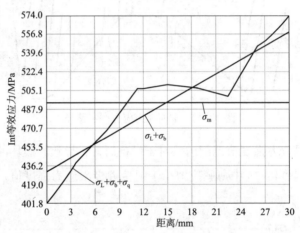

图 4 – 31　路径 3 分析评定

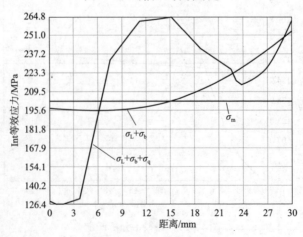

图 4 – 32　路径 4 分析评定

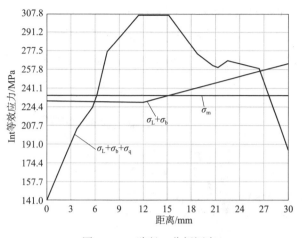

图 4-33 路径 5 分析评定

图 4-19 和图 4-20 左上部是拉杆的应力分布图，拉杆为阶梯杆，在每级轮盘处设置了台阶，以方便加工和装配。预紧过程中，拉杆与轮盘侧壁间基本无接触，因此，拉杆周向应力分布均匀，预紧力基本与拉杆伸长量呈线性关系，见图 4-34。并且由于拉杆基本处于单向应力状态，轴向应力近似等于 von Mises 应力。因采用阶梯拉杆，所以台阶处和无台阶处的应力不同。

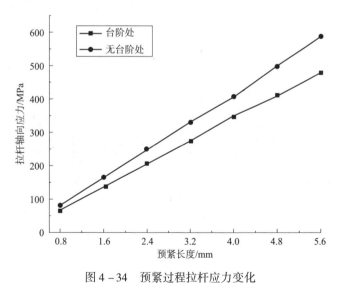

图 4-34 预紧过程拉杆应力变化

4.3.2 离心力对端面弧齿应力分布的影响

端面弧齿连接转子在升速过程中由于离心力的作用，应力分布状况发生了很大改变,假设转子的升速范围为 0 ~ 3000r/min。升速到工作转速(3000r/min)后的全局 von Mises 应力分布见图 4 - 35,与图 4 - 20 相比发生了很大变化,主要表现为轮盘应力的变化,由于离心力与质量成正比,因此大质量轮盘的应力迅速增加。

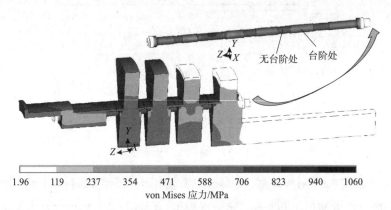

图 4 - 35 转子升速至 3000r/min 时的应力分布

离心力作用下,由于轮盘的径向变形导致其轴向长度缩短,从而使拉杆应力降低,由拉杆应力下降可知端面弧齿的接触应力也相应下降,图 4 - 36 ~ 图 4 - 39 反映了图 4 - 23 和图 4 - 24 所示凸齿和凹齿应力随离心力的变化情况,由此可见,随着转速增加,接触界面处应力逐渐下降,齿尖处应力变化很小(略有下

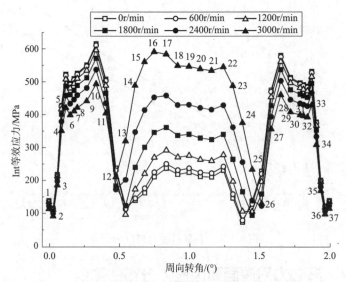

图 4 - 36 凸齿周向各点 Intensity 等效应力与离心力关系

降），而齿根处应力则急剧上升，最大应力由图 4 - 16 中 P_1、P_2 点变为 P_3、P_4 点。升速至 3000r/min 后，齿根处最大应力已超过齿面最大应力，由此可知，此时端面弧齿的应力以齿根应力为主，这与预紧时的应力以接触应力为主有所不同，因此转子升速后，重点应考虑齿根处的应力状态。

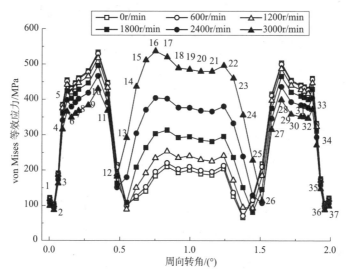

图 4 - 37　凸齿周向各点 von Mises 等效应力与离心力关系

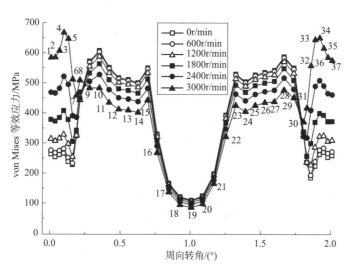

图 4 - 38　凹齿周向各点 Intensity 等效应力与离心力关系

除端面弧齿应力外，离心力作用下，拉杆应力也发生了变化。在升速过程中，离心力带来的甩出会使拉杆局部发生弯曲，因而使应力增大，而轮盘径向

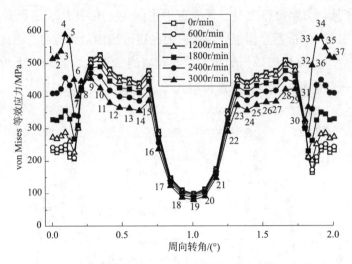

图 4 - 39　凹齿周向各点 von Mises 等效应力与离心力关系

变形增加则会因泊松效应导致轮盘的轴向缩短，该效应使拉杆应力减小，二者同时出现，共同影响拉杆应力。拉杆在每级轮盘处设置了台阶，台阶处与侧壁间隙很小，降低了拉杆的甩出效应，因此，台阶处泊松效应引起的拉杆应力减小占了上风，无论最大应力、最小应力还是平均应力都单调下降。无台阶处由于没有和侧壁接触，会产生一定的弯曲效应，开始时拉杆弯曲使无台阶处最大应力上升，随着轮盘甩出的泊松效应增强又开始下降，而最小应力和平均应力则一直下降(图 4 - 40)。无台阶处最大应力和最小应力的差值很大，而台阶

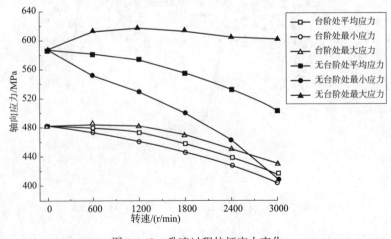

图 4 - 40　升速过程拉杆应力变化

处的差值很小，说明拉杆无台阶处产生了一定的弯曲，并且由于该弯曲，使拉杆侧壁与轮盘产生了随动接触，由于该接触使得每个接触段都是台阶两端接触应力较大，这是由于拉杆无台阶部位向外弯曲导致与之相连的台阶部位接触应力增大。可根据轮盘厚度合理设计台阶部分长度和间隔来适当减小拉杆的弯曲。

4.3.3　扭矩力对端面弧齿应力分布的影响

端面弧齿转子在工作时还受到扭矩力的作用，重型燃气轮机透平端做功产生动力，带动压气端旋转，并将一部分功输出。透平端各级功率有所不同，扭矩按各级功率以及压气端总功率的设计值进行计算。图4-41为端面弧齿在预紧完成后、升速至3000r/min和承受扭矩载荷后的应力分布图(离心力的影响已分析过，此处只分析扭矩力的影响)。由图4-41可知，扭矩作用使端面弧齿承扭侧应力升高，非承扭侧应力降低，而齿尖处应力基本无改变。扭矩力的影响虽小于离心力的作用，但会造成端面弧齿两侧应力不等，同样不容忽视。

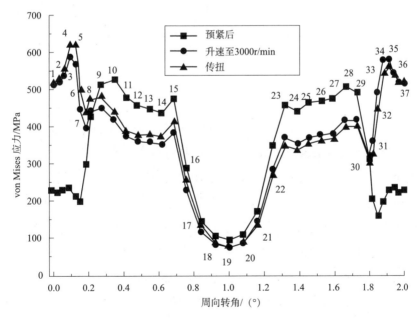

图4-41　端面弧齿预紧、升速和传扭时的应力分布曲线

图4-42是拉杆在预紧力、离心力、扭矩力作用下的各向应力对比，其中 X 表示径向，Y 表示周向，Z 表示轴向。柱坐标系下各方向的正应力表示为 S_{XX}、S_{YY} 和 S_{ZZ}，剪应力表示为 S_{XY}、S_{YZ} 和 S_{XZ}。可以看出，拉杆的轴向应力 S_{ZZ} 在升速过程中发生改变，但在传递扭矩时基本不变，由于拉杆为单向应力状态，拉杆应力由轴向力 S_{ZZ} 决定，轴向应力 S_{ZZ} 不变说明拉杆预紧力保持不变。因此对于拉杆连接的端面弧齿转子来说，扭矩只影响端面弧齿的应力，不会对拉杆应力造成影响。

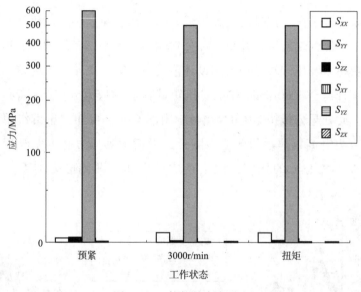

图4-42　拉杆1应力对比

此外，拉杆应力在扭矩力作用下不发生变化也确保了扭矩由端面弧齿传递，而不是靠拉杆的抗剪来承受，这也正是周向拉杆转子的特点。

端面弧齿预紧后、升速至3000 r/min以及在扭矩作用下，图4-28所示5条路径应力分类见图4-43～图4-47。可以看出，从预紧状态到3000r/min 状态，齿尖及齿面应力将有不同程度的降低(图4-43～图4-45)，而在扭矩力作用下，承扭侧应力增加非承扭侧应力降低，图4-43～图4-45仅给出了承扭侧的结果。齿根应力从预紧状态到3000r/min 状态大幅度增加(图4-46和图4-47)，并且扭矩力作用下承扭侧应力进一步增加。路径5的局部薄膜应力已达到570MPa，按照中国标准已无法满足强度要求，只能按照 ASME 标准进行评定。

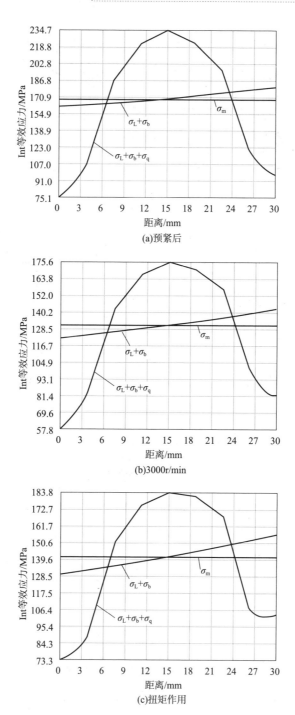

图4-43　路径1应力对比(齿尖处)

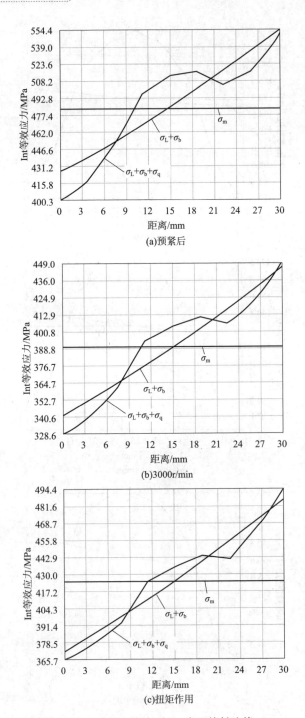

图4-44 路径2应力对比(齿面接触边缘1)

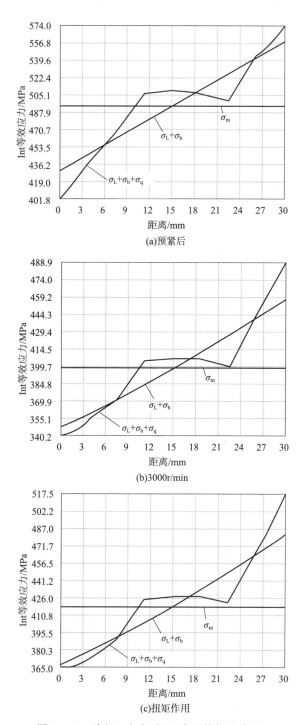

图4-45 路径3应力对比(齿面接触边缘2)

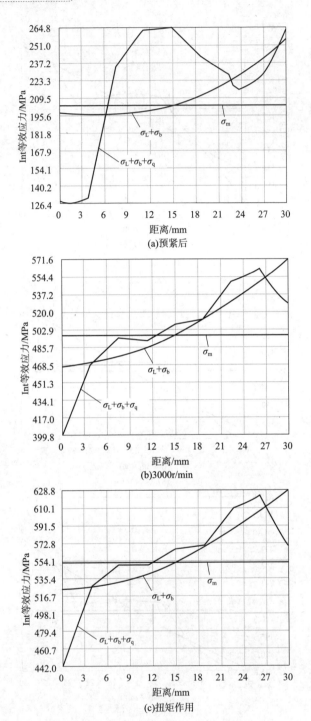

图4-46 路径4应力对比(齿根圆弧处)

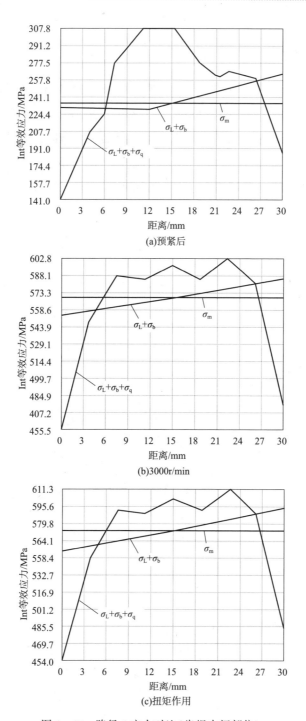

图4-47　路径5应力对比(齿根中间部位)

4.3.4 温度场分析

燃气轮机工作条件为高温重载，温度对其强度的影响不可忽视，新型燃气轮机透平叶片入口温度甚至高达1700℃，轮盘也长期在高于600℃温度下工作，必须对其进行冷却方能保证机器的正常运行。各级静叶冷却气体分别从压气机合适压力的位置抽出，冷却静叶后混入主体气流中。转子和动叶的冷却气体是从压气机出口抽出，经过冷却和过滤，进入轮盘和叶片冷却通道来冷却动叶和转子，见图4-48。

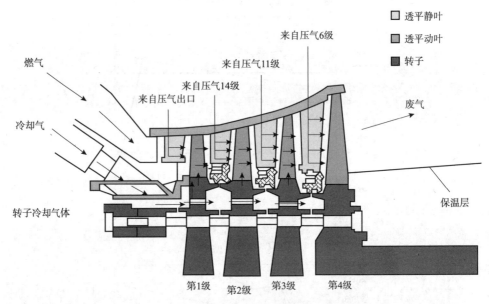

图4-48 动叶和转子冷却示意图

叶片冷却方式多种多样，如对流冷却、冲击冷却、气膜冷却、销片冷却、发散冷却等，但转子主要以对流冷却为主。本节主要以对流冷却方式计算转子的温度场分布。

转子两端有保温层、转子之间有刷式密封将高温燃气隔开，可认为高温燃气的影响只在保温层和刷式密封外面，即高温通过动叶传给转子，转子内部是通过热传导传热，不再有高温燃气的对流作用。冷却空气在转子表面和冷却通道中通过对流方式冷却转子，并流向叶片冷却通道冷却叶片(仅考虑转子的温度分布，对叶片部分不做研究)。冷却气体从压气端出口抽出，认为与出口压力相同，所研究的燃气轮机压比为17,因此冷却气体的压力为17atm,气体冷却后最终用于冷却转子的温度为200℃。

边界条件中对流传热系数的确定极为复杂,目前尚无法推导出理论计算公式,只能通过实验确定。为减少实验工作量,通常采用因次分析方法配合实验来确定。经过长期研究,有一些经验公式可以借鉴。对于流体在圆形直管内做湍流流动时,对流传热系数可通过公式(4-34)确定:

$$\alpha = 0.023 \frac{\lambda}{d} \left(\frac{du\rho}{\mu}\right)^{0.8} \left(\frac{C_P\mu}{\lambda}\right)^k \qquad (4-34)$$

式中 α——对流传热系数;

    λ——流体导热系数,17atm,200℃时,$\lambda = 39.31 \times 10^{-3}$ W/(m·K);

    d——特征尺寸;取冷却通道尺寸,$d = 12.5$mm;

    k——系数,流体被加热取0.4,流体被冷却取0.3,此处用于冷却,流体被加热,$k = 0.4$;

    $\frac{du\rho}{\mu}$——雷诺数,u为流速,ρ为密度,μ为黏度,该工况下黏度$\mu = 26.7 \times 10^{-6}$Pa·s;

    $\frac{C_P\mu}{\lambda}$——普朗特数,C_P为定压比热容,该工况下,$C_P = 1.028 \times 10^{-3}$J/(kg·K);

    ρ——密度,根据状态方程计算,即$P = \rho RT$,T为温度,R为气体常数,对于空气,$R = 287$J/(kg·K),因此流体的密度为$\rho = 12.69$kg/m³。

根据设计资料,冷却空气流量占总流量的17%,按流量分配到每级动叶和静叶,并平均分配到该级动叶的所有冷却孔,以此计算出冷却气体的流速$u = 0.55$m/s;通过以上数据得到冷却气体的对流传热系数为:$\alpha = 40$W/(m²·K)。因此给出图4-49所示的温度边界条件。

拉杆和轮盘材料的热导率在表4-1中已给出,根据图4-49所示边界条件,考虑接触界面的传热,进行热分析,得到温度场分布见图4-50。轮盘、端面弧齿和拉杆部位温度约为300℃左右,轮盘外径处由于与动叶接触温度较高,轴端与外界接触,温度较低,拉杆与端面弧齿温度接近,温度差小于2℃。得到了温度场分布后,将其代入预紧后的模型中,可以计算温度对其应力分布和接触状态的影响。

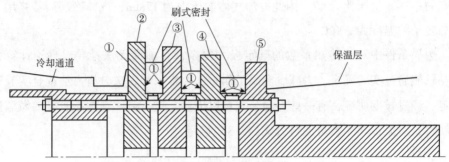

①对流边界条件，对流传热系数为40，温度为200℃；
②温度边界条件，650~600℃；③温度边界条件，550~500℃；
④温度边界条件，450~420℃；⑤温度边界条件，400~370℃；
其余为绝热条件

图4-49　温度场边界条件

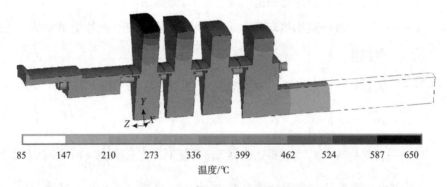

图4-50　转子温度场分布示意图

4.3.5　热-应力耦合分析

采用顺序耦合法对转子进行热-应力耦合分析，顺序耦合方法包括两个或多个按一定顺序排列的分析，每一种属于某一物理分析。通过将前一分析结果作为载荷施加到下一个分析中的方式进行耦合。热应力耦合分析是将热分析中得到节点温度作为"体载荷"施加到随后的结构分析中。遵循预紧-升温-升速-工作的顺序进行计算，首先进行常温下的预紧计算，这一过程与4.3.1节的计算结果相同，然后将温度场分析的结果读入，进行耦合分析，再进行升速和承扭计算。图4-51是升温后端面弧齿转子的全局等效应力分布图，与图4-20相比整体应力均有增加。尤其是轮盘受高温处应力增加显著。端面弧齿和拉杆应力也有所增加，最大应力仍出现在拉杆螺母处，并且比冷态时有所增加，这是因为拉杆材料的线膨胀系数小于轮盘的线膨胀系数,从而导致拉杆和接触部位压力变大。此外,拉杆和轮盘温度不等也会造成接触应力改变。热态升速至 3000r/min 后的全局等效应力见图 4 – 52,其规律与冷态升速基本相同,但应力数值变大。施加扭矩载荷后的应力分布与图 4 – 52 相比只在局部略有改变,因此不再给出热态扭矩力作用下的转子应力云图。

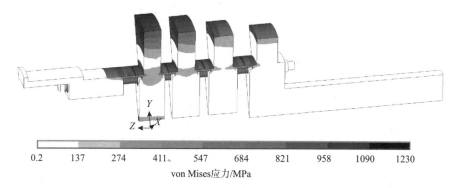

图 4 – 51 升温后端面弧齿转子的全局等效应力分布

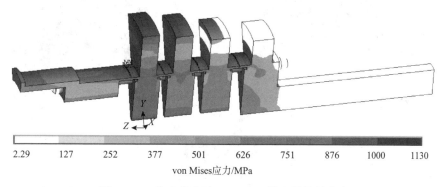

图 4 – 52 热态升速至 3000r/min 的全局等效应力

图 4 – 53 为预紧力、离心力和扭矩力作用下一个端面弧齿冷态和热态的应力对比,端面弧齿的位置见图 4 – 24。升温后端面弧齿应力全面增加,齿根与接触面处应力变化较大,齿尖应力变化很小,接触面应力变化由拉杆、轮盘温度不等以及材料线膨胀系数不等造成,齿根处的应力变化则属于两个轮盘的配合端面弧齿温度不等造成,接触界面的热传导无法使两侧温度完全相等,当两侧存在温度差时,温度高的一侧较温度低的一侧膨胀率大,增加了齿的径向侧滑趋势,而圆弧配合则阻止这种趋势,因此使齿根处产生了弯曲应力。但总体上,预紧时端面弧齿的应力仍以齿面接触应力为主。热态升速应力变化趋势基本与冷态相同。

如前所述，由于离心力作用使轮盘径向变形增加，材料的泊松效应导致轴向缩短使端面弧齿接触应力下降，而离心力的作用使得端面弧齿齿根处应力有较大增加，由于轮盘质量不变，所受离心力保持不变，使得热态离心力作用下端面弧齿应力增加幅度不变，由此可以得出 $\sigma_{tc} - \sigma_c = \sigma_t - \sigma$，其中下标 t 表示温度的作用，下标 c 表示离心力的作用。由此可见，热态升速后的应力只是叠加了温度应力，无非线性改变。热态下扭矩力作用对应力的改变也与冷态基本相同，同样只是叠加了温度应力。

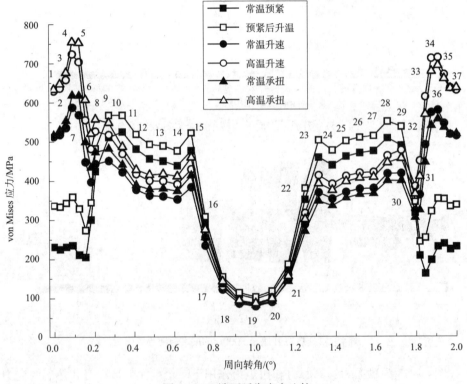

图 4-53 端面弧齿应力比较

按分析设计方法对端面弧齿进行应力线性化，分别对比了冷态和热态下图4-28 所示 5 条路径的应力线性化结果，见图 4-54~图 4-68。由图可见，无论何种应力，何种工作状态，何种路径，热态下的应力均大于冷态，但需要注意的是热态下由于温度载荷的作用，其应力含有二次应力的成分，其极限应力值为 3 倍许用应力。

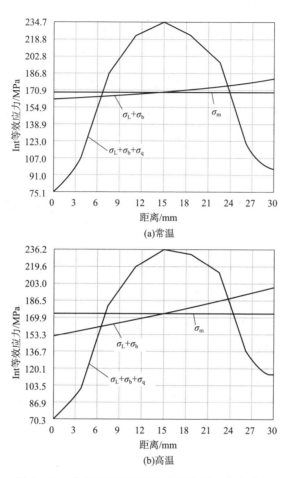

(a)常温

(b)高温

图 4-54　常温预紧及预紧后升温路径 1 应力对比

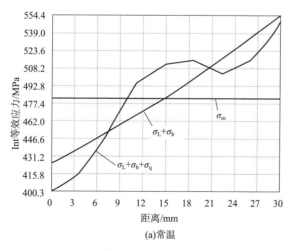

(a)常温

图 4-55　常温预紧及预紧后升温路径 2 应力对比

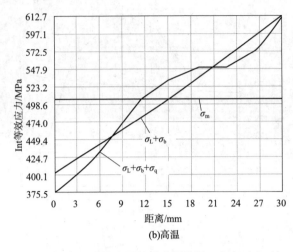

(b)高温

图 4-55　常温预紧及预紧后升温路径 2 应力对比(续)

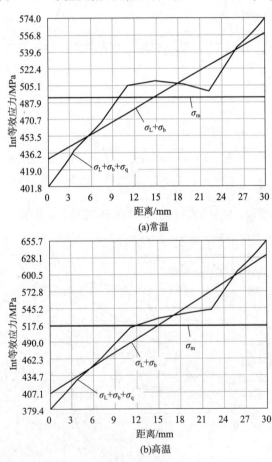

(a)常温

(b)高温

图 4-56　常温预紧及预紧后升温路径 3 应力对比

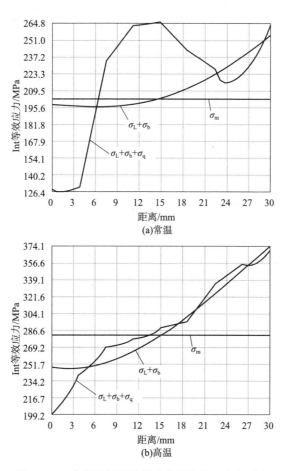

图 4-57　常温预紧及预紧后升温路径 4 应力对比

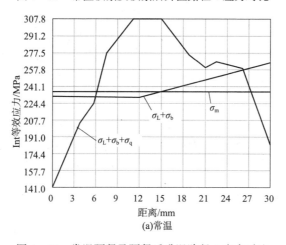

图 4-58　常温预紧及预紧后升温路径 5 应力对比

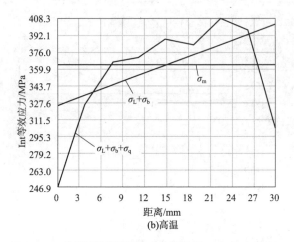

图 4-58　常温预紧及预紧后升温路径 5 应力对比(续)

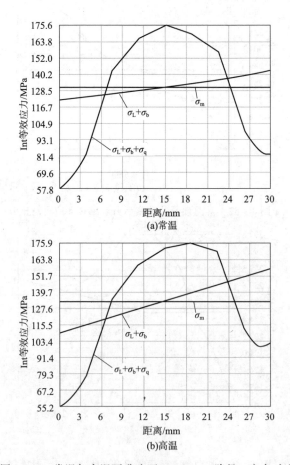

图 4-59　常温与高温下升速至 3000r/min 路径 1 应力对比

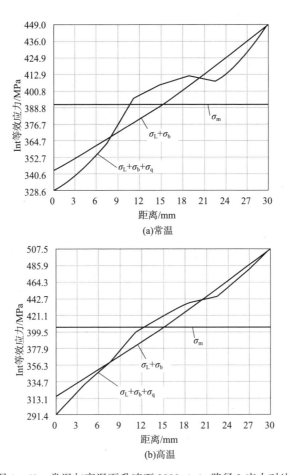

(a)常温

(b)高温

图 4-60　常温与高温下升速至 3000r/min 路径 2 应力对比

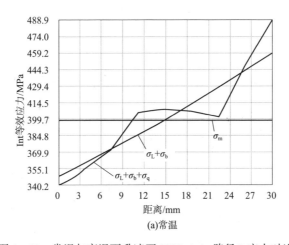

(a)常温

图 4-61　常温与高温下升速至 3000r/min 路径 3 应力对比

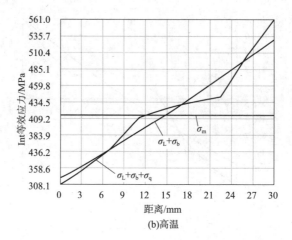

(b)高温

图 4-61　常温与高温下升速至 3000r/min 路径 3 应力对比(续)

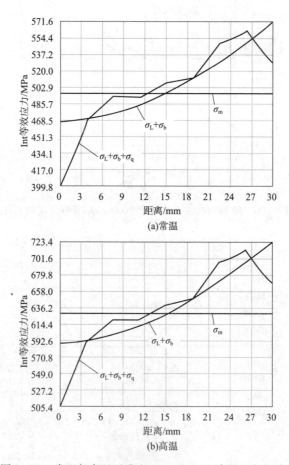

(a)常温

(b)高温

图 4-62　常温与高温下升速至 3000r/min 路径 4 应力对比

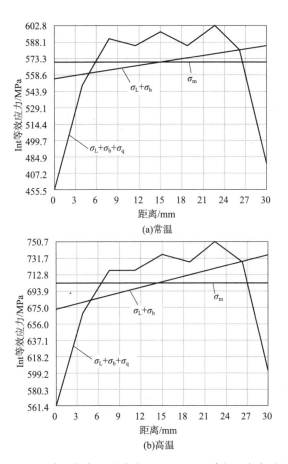

(a)常温

(b)高温

图4-63 常温与高温下升速至3000r/min路径5应力对比

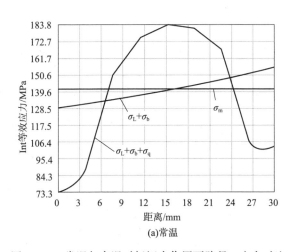

(a)常温

图4-64 常温与高温时扭矩力作用下路径1应力对比

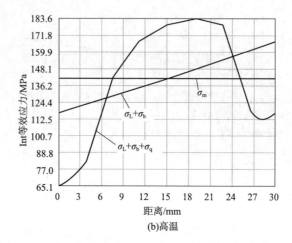

(b)高温

图4-64　常温与高温时扭矩力作用下路径1应力对比(续)

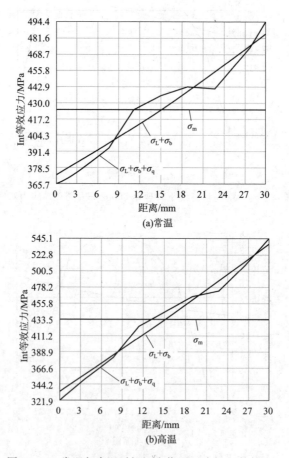

(a)常温

(b)高温

图4-65　常温与高温时扭矩力作用下路径2应力对比

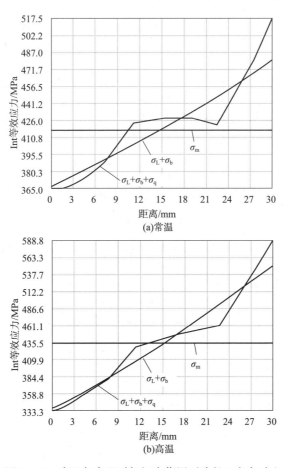

(a)常温

图 4-66　常温与高温时扭矩力作用下路径 3 应力对比

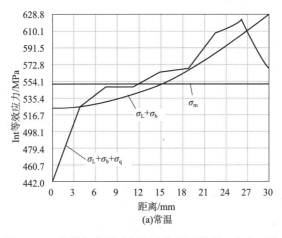

(a)常温

图 4-67　常温与高温时扭矩力作用下路径 4 应力对比

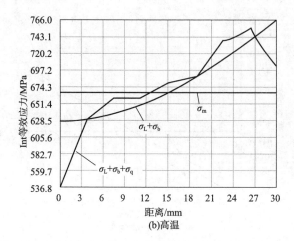

(b)高温

图4-67　常温与高温时扭矩力作用下路径4应力对比(续)

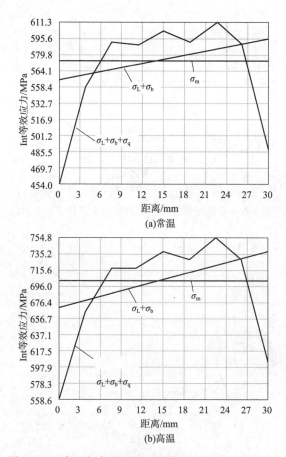

(a)常温

(b)高温

图4-68　常温与高温时扭矩力作用下路径5应力对比

4.4 端面弧齿的径向滑移

端面弧齿预紧力很大，高达几百兆帕，由计算结果可知，预紧后端面弧齿的轴向均为紧密接触，径向滑移仅出现于图4-16中接触对1(径向滑移示意图见图4-69)，其他接触对均无径向滑移。这是由接触对1两侧刚度相差太大造成的。左侧(即连接轴部分)薄壁部分较长导致刚度较小，因而径向变形较右侧大。

通过计算，端面弧齿滑移量约为 0.036mm，薄壁处最大弯曲量约为 0.35mm。由图4-69可以看出，该滑移主要由较长的薄壁部分发生了径向变形所致。如果仅仅考虑预紧过程，显然该设计不合理，可通过调整两侧薄壁部分长度来减小甚至消除径向滑移。通过后面章节的研究可知，该处的设计有两方面作用，一是由于燃气轮机转子的装配过程是分段预紧，左侧中间连接部分先与压气端预紧后再与透平端预紧，由于前两部分预紧完成后，在连接轴部分已产生了一定的向内预变形，当透平端预紧时该处的向内预变形则会导致透平端的预紧困难，而较长的薄壁设计可以减小该处刚度，降低预紧难度。并且通过5.4节的研究可知，该设计对端面弧齿接触对的动应力分布还有一定的调节作用。这也正是两侧薄壁长度不等的原因。

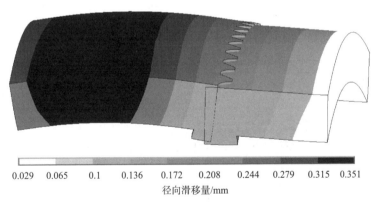

0.029 0.065 0.1 0.136 0.172 0.208 0.244 0.279 0.315 0.351

径向滑移量/mm

图4-69 预紧后端面弧齿侧滑示意图(放大50倍显示)

离心力的作用也使端面弧齿径向变形有所变化，图4-70是图4-69所示部分在离心力作用下的径向位移量，离心力作用使得两侧的径向位移均有所增加，但相对滑移量基本保持不变。根据离心力作用下径向滑移保持不变的结论可知，径向滑移仅在预紧过程中产生，因此，合理设计端面弧齿两侧薄壁长度，严格控制端面弧齿预紧时的径向滑移，则旋转时仍可保证径向滑移基本不变。

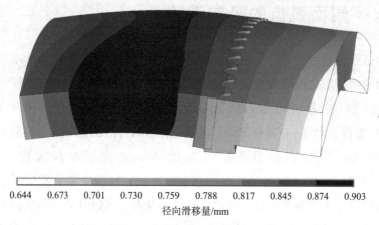

0.644　0.673　0.701　0.730　0.759　0.788　0.817　0.845　0.874　0.903

径向滑移量/mm

图4－70　升速至3000r/min后端面弧齿侧滑示意图(放大50倍显示)

第5章　端面弧齿动力学特性及动应力分布

5.1　概述

对于拉杆连接的端面弧齿转子而言，如果齿数是拉杆数目的整数倍，不存在弯曲作用力时可看作周期对称结构，但非中心对称结构，因此，各齿之间存在一定的应力差。但当有弯曲力作用时，该转子将不能当作周期对称结构来研究，并且端面弧齿将随着弯曲力的动态变化产生动应力。现有研究成果中，对端面弧齿应力分布的研究没有考虑动应力的影响，针对端面弧齿周向拉杆转子运行时各工况下的应力变化规律研究基本仍属空白。研究端面弧齿动应力分布规律，进一步明确端面弧齿的应力状态，可丰富端面弧齿的设计方法，为端面弧齿的设计提供参考。

本章的主要内容包括：建立拉杆转子的动力学模型、考虑表面粗糙度、表面波纹度和预紧力等对拉杆转子抗弯刚度的影响，得到端面弧齿连接转子动态刚度模型；建立端面弧齿转子接触有限元模型，结合转子动力学分析结果，研究得到端面弧齿动应力分布规律、端面弧齿预紧和工作状态下各齿间应力分布规律，以及各接触对间应力分布规律；探讨端面弧齿结构设计对应力分布的影响。

5.2　端面弧齿连接转子动力学分析

5.2.1　拉杆转子等效抗弯刚度模型

为研究端面弧齿动应力分布规律，首先需进行转子动力学分析，再将动力学分析结果代入接触有限元模型，计算端面弧齿动应力。而拉杆转子的特殊结构在某种程度上将会影响转子的刚度，同时也影响到转子的动特性。因此根据拉杆转子的受力特点，研究拉杆转子的等效抗弯刚度计算模型。拉杆转子的力学模型见图 5 – 1，装配后在拉杆预紧力的作用下，轮盘受到压应力，拉杆受到拉应力，转子截面内受力平衡，即 $\sum F_t = -\sum F_c$。重型燃气轮机转子由于级数较多，支承跨距长，其弯曲振动可以假定为纯弯曲，变形符合平面假设，即变形前为平面的梁的横截面变形后仍保持为平面，且垂直于变形后梁的轴线，纵向纤维间无挤压作用。当转子受到如图 5 – 1 所示弯矩作用时，会引起靠近底面的纤维伸长，因为横截面仍保持为平面，所以沿截面高度，应由底面纤维的伸长连续地渐变为顶面纤维的缩短，中间必有一层纤维的长度不变，这一层纤维称为中性层。在中性层上、下两侧的纤维，如一侧伸长则另一侧缩短。这就形成横截面绕中性轴的轻微转动。对于整体转子，已经证明，中性层将通过形心。而对于拉杆转子，界面处纤维不再连续，因而也不会伸长，只能通过预紧松弛来抵消弯曲变形，该过程将导致拉杆的伸长。由此可见，对于拉杆和轮盘整体，仍然存在一侧纤维的伸长和另一侧纤维的缩短，因此也存在一层长度保持不变的纤维，该层纤维类似于整体转子的中性层，但该"中性层"的位置不像整体转子那样通过形心，需根据拉杆和端面弧齿的关系重新计算。并且该效应在接触界面两侧形成一定的影响区，根据圣维南原理，离开接触界面较远处不会受到接触界面的影响。本书提出接触界面影响区等效抗弯刚度的计算方法，在接触界面附近，按照等效刚度法计算转子刚度，对于远离接触界面的连续区域，按照传统方法计算其刚度。在图 5 – 1 所示的弯矩作用下，"中性层"以上拉杆拉力（F_{t1}）减小，"中性层"以下拉杆

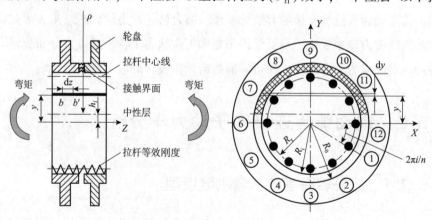

图 5 – 1 拉杆转子动力学模型

拉力(F_{t2})增加;"中性层"以上轮盘压力(F_{c1})增加,"中性层"以下轮盘压力(F_{c2})减小。拉力和压力的减小不对抗弯产生贡献,只有拉力和压力的增加对抗弯产生贡献,因此存在以下受力平衡:$\Delta F_{t2} = -\Delta F_{c1}$(负号表示二者方向相反,假设拉力为正,下同),$\Delta F_{t1} = -\Delta F_{c2}$,式中 Δ 代表各力在弯矩作用下的改变量。

1. 变形几何关系

坐标轴方向如图 5 – 1 所示,中性轴的位置尚待确定,假设"中性层"距离 Z 轴为 h_l,"中性层"的曲率半径为 ρ。根据平面假设,变形前相距为 dz 的两个横截面,变形后各自绕中性轴相对旋转了一个角度 dθ,并仍保持为平面。这使得距"中性层"为 $y - h_l$ 的纤维 bb' 的长度由 dz 变为 $[\rho - (y - h_l)]$dθ,而变形前后,"中性层"长度不变,即 dz $=\rho$dθ,由此得到纤维 bb' 的应变为:

$$\varepsilon_w = \{[\rho - (y - h_l)]d\theta - \rho d\theta\}/(\rho d\theta) = -(y - h_l)/\rho \tag{5-1}$$

式中,w 为轮盘;r 为拉杆(下同)。

每根拉杆的应变根据所处的位置变化,同样根据应变的定义,第 i 根拉杆的应变为:

$$\varepsilon_{ri} = \{[\rho + R_r\sin(2\pi i/n) + h_l]d\theta - \rho d\theta\}/(\rho d\theta) = [R_r\sin(2\pi i/n) + h_l]/\rho \tag{5-2}$$

式中,R_r 为拉杆中心圆的半径;i 为拉杆编号,见图 5 – 1。

2. 应力关系

除个别接触点外,假设弯曲时转子应力处于弹性范围内,由胡克定律得:

$$\sigma_w = E_w\varepsilon_w = -E_w(y - h_l)/\rho \tag{5-3}$$

弯曲导致"中性层"以上轮盘增加的压应力为:

$$\Delta F_{c1} = \int_A \sigma_w dA = \int_A [-E_w(y - h_l)/\rho]dA \tag{5-4}$$

同理,拉杆应力及横截面拉力的增加为:

$$\sigma_{ri} = E_r\varepsilon_{ri} = E_r[R_r\sin(2\pi i/n) + h_l]/\rho \tag{5-5}$$

$$\Delta F_{t2} = \sum_{i(\sigma_{ri}\geqslant 0)} \sigma_{ri}A_r = \sum_{i(\sigma_{ri}\geqslant 0)} E_rA_r[R_r\sin(2\pi i/n) + h_l]/\rho \tag{5-6}$$

式中,E 为弹性模量;A_r 为拉杆截面积。由于只计算"中性层"以下部分拉应力,不考虑"中性层"以上部分,所以在计算 ΔF_{t2} 时只考虑拉应力增加的拉杆,不考虑拉应力减小的拉杆,公式里加了限定条件 $\sigma_{ri}\geqslant 0$。

考虑 $\Delta F_{t2} = -\Delta F_{c1}$ 时,有:

$$\int_A \left[E_w (y - h_l)/\rho \right] \mathrm{d}A = \sum_{i(\sigma_{ri} \geqslant 0)} E_r A_r \left[R_r \sin(2\pi i/n) + h_l \right]/\rho \qquad (5-7)$$

公式(5-7)即确定了"中性层"h_l的位置。

3. 等效抗弯刚度的计算

根据抗弯刚度的定义以及"中性层"的位置,通过以下公式计算等效抗弯刚度

$$EI = \int_A \left[E_w (y - h_l)^2 \right] \mathrm{d}A + \sum_{i(\sigma_{ri} \geqslant 0)} E_r A_r \left[h_l + R_r \sin(2\pi i/n) \right]^2 \qquad (5-8)$$

若只考虑接触界面的特点,不考虑表面粗糙度的影响,则公式(5-8)中的 E_w 和 E_r 分别为轮盘材料和拉杆材料的弹性模量。

5.2.2 计算模型验证

采用式(5-8)所示的等效抗弯刚度模型对某一重型燃气轮机转子的临界转速进行计算,与实测结果进行对比分析。该重型燃气轮机转子压气端接触界面为平面,接触界面上每隔一定角度设置一个传扭销进行扭矩传递,透平端采用端面弧齿结构,压气端和透平端都是采用 12 根周向拉杆将各级轮盘连接在一起,该转子的半剖面示意图见图 5-2。根据圣维南原理,影响区的长度取为特征尺寸,在该燃气轮机中取为接触界面内外半径之差。

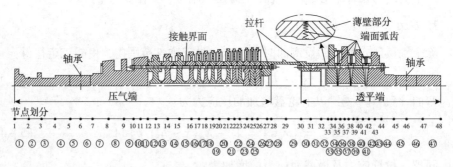

图 5-2 重型燃气轮机转子示意图及离散方法

有限元法在解决转子动力学问题上能获得较高的计算精度,并且能避免传递矩阵法中可能出现的数值不稳定现象[129]。数值计算首先需要将连续的模型进行离散化,离散化过程中节点划分原则是在轮盘中心、轴颈中心、轴的截面突变处、联轴器以及轴的端部等处设置节点,根据拉杆转子的特点,在界面影响区和非影响区的交界处也要设置节点,并按顺序编号。叶片和轮盘考虑为集中质量和集中转动惯量加到相应节点上,轴段质量和转动惯量采用插值函数进行积分。转

子截面变化较多，为满足计算速度要求，可采用自由度缩减方法减少自由度。影响区的刚度按照公式(5-8)计算，连续区的刚度按照传统方法计算。轴承的刚度和阻尼系数按照生产厂商提供的数值进行计算。

　　分别计算了整体模型与考虑接触界面影响模型的前3阶临界转速，与实测值对比列于表5-1。

表5-1　重型燃气轮机转子临界转速对比表

	一阶临界转速	二阶临界转速	三阶临界转速
整体模型	19.5Hz(1170r/min)	47.8Hz(2870r/min)	57.4Hz(3443r/min)
考虑接触界面影响	17.5Hz(1051r/min)	46.9Hz(2801r/min)	56.4Hz(3380r/min)
实测结果	17.5Hz(1050r/min)	41.7Hz(2500r/min)	55.8Hz(3350r/min)

　　从表5-1可以看出，采用等效抗弯刚度计算方法计算的转子临界转速与实测结果较为接近，尤其是一阶临界转速。二阶和三阶临界转速也较整体转子低，但高于实测值，该现象是由计算时没有考虑拉杆松弛和拉杆伴随振动引起，根据上一章的研究结果，随着转速的提高，轮盘将产生径向伸长，由于泊松效应，导致转子轴向缩短，使转子预紧状态发生改变，降低了预紧力，同时也降低了转子的刚度。并且当转子通过一阶临界转速后，由于振幅加大，激励拉杆产生相应的伴随振动，进一步降低了转子的刚度，因此导致转子一阶以上临界转速的实测结果低于计算结果。

5.2.3　粗糙表面接触刚度计算

　　真实的接触表面无法做到理想光滑，即存在表面粗糙度、波纹度等。重型燃气轮机转子的配合面要经过对研确保端面弧齿接触界面的精确接触，所以可忽略表面波纹度的影响，只考虑表面粗糙度的影响。根据技术要求，接触界面的表面粗糙度 Ra 为0.8。

1. 赫兹接触理论

根据 Hertz 接触理论，一个半径为 R 的弹性球和一个刚性平面接触，球受法向载荷 F_n 时，有：

$$F_n = 4E^* R^{1/2} \delta^{3/2} / 3 \tag{5-9}$$

接触半径：

$$a = \left[4F_n R / (3E^*) \right]^{1/3} = R^{1/2} \delta^{1/2} \qquad (5-10)$$

接触面积：

$$A = \pi R \delta \qquad (5-11)$$

式中，δ 为接触变形；E^* 为"平面应力弹性模量"，$1/E^* = (1-\nu^2)/E$，E 为材料弹性模量，ν 为材料泊松比。

假设微凸体为半球，即高度为 R，则其应变 $\varepsilon = \delta/R$，因此一个微凸体单位长度的法向刚度为：

$$k_n = \mathrm{d}F_n / \mathrm{d}\varepsilon = 2E^* R^{3/2} \delta^{1/2} \qquad (5-12)$$

假设切向力为 F_t，对于无滑动接触表面，切向力和切向变形可表示为如下关系：

$$F_t = 8G^* R^{1/2} \delta^{1/2} \delta_t \qquad (5-13)$$

其中 $1/G^* = (2-\nu^2)/G$，G 为剪切模量，对于 1 个微凸体，剪应变可表示为 $\gamma = \delta_t / (2R)$，因此一个微凸体的切向刚度为：

$$k_t = \mathrm{d}F_\tau / \mathrm{d}\gamma = 16G^* R^{3/2} \delta^{1/2} \qquad (5-14)$$

2. 粗糙表面接触刚度的计算

粗糙表面分布模型一般有随机分布模型和分形模型，随机分布模型有以 GW 模型为代表的弹性接触模型[47]，以及以 Nayak 为代表的塑性接触模型[52-54]。分形模型最具代表性的是 MB 模型[57]。分形模型对粗糙表面形貌的描述更为准确，在摩擦磨损及润滑研究中，采用分形模型有很重要意义。但对于端面弧齿接触刚度问题，在高达上百兆帕的预紧力作用下，分型模型的多尺度特征对抗弯刚度的影响很小，加之接触界面处刚度与转子其他部位刚度相比小很多，因此，采用 GW 模型计算接触界面处的等效抗弯刚度已能够满足精度要求。

在 GW 随机分布模型中，设光滑表面距基准表面的距离为 d（图 5-3），则接触发生在高度大于 d 的微凸体上。微凸体平均曲率半径为 R，峰高分布的概率密度函数为 $\varphi(z)$，则对于某个微凸体，其高度介于基准平面上 z 和 $z + \mathrm{d}z$ 之间的概率为 $\varphi(z)\mathrm{d}z$，因此高度为 z 的任一微凸体接触的概率为：$\displaystyle\int_d^\infty \varphi(z)\mathrm{d}z$。若粗糙表面的微凸体数为 m，则接触的微凸体数 m' 为：$m' = m\displaystyle\int_d^\infty \varphi(z)\mathrm{d}z$，所以，接触面积 A、法向载荷 F_n 和切向载荷 F_t 可表示为：

$$A = \pi m R \int_{d}^{\infty} (z - d) \varphi(z) \, \mathrm{d}z \qquad (5 - 15)$$

$$F_n = 4/3 E^* m R^{1/2} \int_{d}^{\infty} (z - d)^{3/2} \varphi(z) \, \mathrm{d}z \qquad (5 - 16)$$

$$F_t = 8 G^* R^{1/2} \int_{d}^{\infty} (z - d)^{1/2} \delta_t \varphi(z) \, \mathrm{d}z \qquad (5 - 17)$$

并且 $1/E^* = (1 - \nu_1^2)/E_1 + (1 - \nu_2^2)/E_2$，$1/G^* = (2 - \nu_1^2)/G_1 + (2 - \nu_2^2)/G_2$，其中，$E_1$、$E_2$、$\nu_1$、$\nu_2$ 分别为两粗糙表面材料的弹性模量和泊松比，G_1 和 G_2 为两表面的剪切模量。

对于相互接触的两粗糙表面，关心的是预紧后的等效抗弯刚度，相应地，总长应考虑为预紧后两粗糙表面的距离，即图 5 – 3 中的 d，则其应变为 $\varepsilon = (z - d)/d$，$\gamma = \delta_t/(2R)$，因此：

$$K_n = \mathrm{d}F_n/\mathrm{d}\varepsilon = 2 E^* m R^{1/2} d \int_{d}^{\infty} (z - d)^{1/2} \varphi(z) \, \mathrm{d}z \qquad (5 - 18)$$

$$K_t = \mathrm{d}F_\tau/\mathrm{d}\gamma = 16 G^* m R^{3/2} \int_{d}^{\infty} (z - d)^{1/2} \varphi(z) \, \mathrm{d}z \qquad (5 - 19)$$

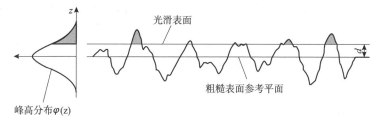

图 5 – 3 光滑表面与粗糙表面的接触

进行归一化处理：

令 $h = d/\sigma$，$s = z/\sigma$，σ 为高度分布的标准偏差，则：

$$K_n = 2 E m R^{1/2} h \sigma^{3/2} \int_{d}^{\infty} (s - h)^{1/2} \varphi(s) \, \mathrm{d}s \qquad (5 - 20)$$

$$K_t = 16 G m R^{3/2} \sigma^{1/2} \int_{d}^{\infty} (s - h)^{1/2} \varphi(s) \, \mathrm{d}s \qquad (5 - 21)$$

对于 Gaussian 分布，$\varphi(s) = \mathrm{e}^{-s^2/2}/\sqrt{2\pi}$，$\sigma = \sqrt{\pi/2} Ra$，$Ra$ 为表面粗糙度值。

5.2.4　表面形貌及预紧力对拉杆转子等效抗弯刚度的影响规律

1. 拉杆转子等效抗弯刚度计算

重型燃气轮机转子结构见图 5 – 2，采用公式（5 – 8）对接触界面影响区的刚度进行计算，当不考虑表面粗糙度的影响时，公式（5 – 8）中的 E_w 为轮盘材料的弹性模量，考虑表面粗糙度时，其中的 E_w 应为粗糙接触界面与影响区的综合弹性模量，E_w 的大小可根据在一定的压力作用下，其变形保持不变的原则进行计算，考虑等效前后分别作用一载荷 P，则其变形为：

$$\Delta l = Pl/(E_wA), \ \Delta l_1 = Pl_1/(E_1A), \ \Delta l_2 = Pl_2/(E_2A) \tag{5 – 22}$$

并且有：$\Delta l = \Delta l_1 + \Delta l_2$，即

$$l/E_w = l_1/E_1 + l_2/E_2 \tag{5 – 23}$$

A 为接触表面面积，一般影响区只在接触区附近较小的区域内，因此二者面积可认为相同。l 为长度；E 为弹性模量；下标 1 表示接触区；下标 2 表示影响区，影响区弹性模量 E_2 与材料弹性模量相同。

接触区等效抗弯刚度 E_1 的确定如下：对于压气端，接触界面为平面，接触区的刚度主要由法向刚度决定，因此 $E_1 = K_n$。透平端采用的是端面弧齿结构，端面弧齿的径向展开图见图 2 – 5，由于端面弧齿存在一定的压力角 θ，其刚度由切向刚度和法向刚度共同决定，$E_1 = \sqrt{(K_t)^2 + (K_n)^2}$。其中接触区长度 l_1 取为预紧后两粗糙层的距离。l_2 为影响区的长度，l_2 的选取原则已在 5.2.2 中提过。

2. 表面粗糙度的影响

案例中的重型燃气轮机包括压气端、透平端以及中间过渡部分，其中压气端又分为拉杆在接触界面内侧（图 5 – 2 压气端中间轮盘）和拉杆在接触界面中间（图 5 – 2 压气端端部轮盘）两种情况，分别称为压气 – 1 和压气 – 2，研究了以上四处接触界面影响区的等效抗弯刚度随表面粗糙度的变化情况，其结果见图 5 – 4，其中公式（5 – 8）中的 E_w 为按照公式（5 – 23）计算的等效弹性模量。当不考虑表面粗糙度时，E_w 即等于材料的弹性模量。可以看出，随着表面粗糙度的增加，等效抗弯刚度逐渐降低。对各表面粗糙度下转子的临界转速进行计算，其结果见表 5 – 2，当表面粗糙度较小时，考虑表面粗糙度与否并不会对临界转速计算结果造成影响，但当表面粗糙度较大时，会对转子的动力学特性造成一定影响。并

且当表面粗糙度较大时，说明加工精密性差，必然伴随表面波纹度的存在，因此当表面粗糙度大于3.2时，表5-2的计算结果将失去意义，需考虑表面波纹度和粗糙度的共同影响。

表5-2　不同表面粗糙度下转子临界转速对比

表面粗糙度/μm	一阶临界转速/$(rad \cdot s^{-1})$	二阶临界转速/$(rad \cdot s^{-1})$	三阶临界转速/$(rad \cdot s^{-1})$
0	108.5	296.3	375.7
0.8	108.2	295.7	375.6
1.6	107.9	295.1	375.6
3.2	107.4	294.1	375.5
6.3	106.4	292.2	375.3
12.5	104.7	288.9	374.9
25	101.9	283.4	374.3

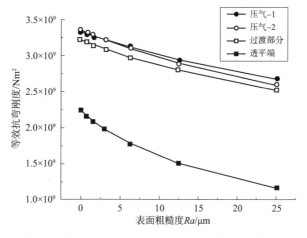

图5-4　界面影响区等效抗弯刚度与表面粗糙度关系

3. 表面波纹度的影响

表面存在波纹度时，实际的接触出现在波峰上，即所谓轮廓接触面积，不同的加工表面的轮廓曲线是不同的，一般来说，轮廓接触面积为名义接触面积的5%~15%。轮廓接触面积的不同会影响接触界面的等效抗弯刚度，进而对转子的动力学特性造成影响。表5-3列出了不同轮廓接触面积时转子的前三阶临界转速，反映了轮廓接触面积的影响规律。可以看出，表面波纹度主要影响转子的低阶临界转速，这是由于高转速下惯性力对转子动力学特性的影响大于界面等效抗弯刚度的影响。考虑表面波纹度后取轮廓接触面积为 10% 与不考虑表面波纹度时转子的等效抗弯刚度和一阶临界转速对比见图 5-5 和图 5-6。从图 5-5 和图 5-6 可以看出，存在表面波纹度时，等效抗弯刚度与一阶临界转速均大幅下降，并且不再随表面粗糙度线性变化，说明表面粗糙度和表面波纹度存在叠加关系。由此可见，如果接触表面确实存在波纹度时，将其忽略会造成较大的计算误差。通过以上分析可知，表面加工质量较好，粗糙度较低，并且研磨很好，不存在波纹度时，可不考虑表面粗糙度的影响，将公式(5-8)的 E_w 取为材料的弹性模量即可。而表面加工差，尤其是存在波纹度时，要考虑表面粗糙度及波纹度的影响。因此，为提高转子刚度，应尽量避免拉杆转子接触界面存在波纹度。

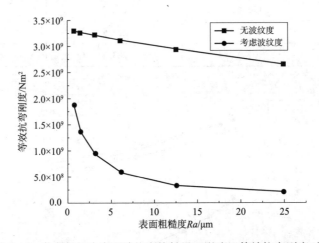

图 5-5 考虑与忽略表面波纹度接触界面影响区等效抗弯刚度对比

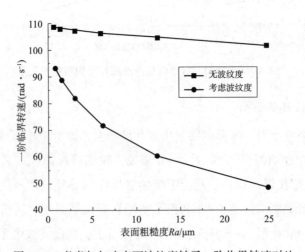

图 5-6 考虑与忽略表面波纹度转子一阶临界转速对比

表 5 - 3 不同轮廓接触面积时转子临界转速对比 ($Ra = 0.8\mu m$) rad · s^{-1}

轮廓/名义(接触面积)	一阶临界转速	二阶临界转速	三阶临界转速
5%	80.3	227.4	368.8
7.5%	93.2	264.1	371.4
10%	96.2	272.2	372.3
12.5%	98.5	276.0	372.8
15%	99.6	278.3	373.1

4. 预紧力的影响

为传递力及扭矩,端面弧齿转子装配中需施加一定的预紧力,该预紧力一方面降低了转子的刚度(对于直径很大的燃气轮机转子,这种影响很小,可忽略),另一方面又使接触界面的刚度增加,以透平端端面弧齿接触界面为例对该影响进行研究。分别计算了多种表面粗糙度条件下预紧力从 $P/8 - P$(P 为最终预紧力值)的转子等效抗弯刚度和临界转速的变化(图 5 - 7 和图 5 - 8),由图 5 - 7 和图 5 - 8 可知,预紧力对转子刚度的影响随着表面粗糙度的增加而增加,但当表面粗糙度值较低时,该影响不明显。而表面存在波纹度时,转子的临界转速与不考虑波纹度时的对比见图 5 - 9,由此可见,存在表面波纹度时,预紧力对转子等效抗弯刚度和动力学特性影响较明显。因此,当拉杆转子表面加工质量差时可通过提高预紧力来提高其刚度。

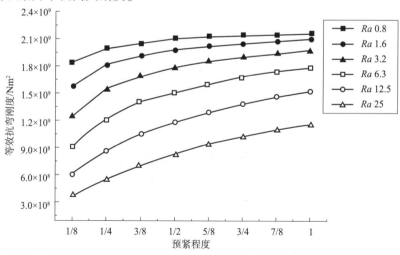

图 5 - 7 不同表面粗糙度下预紧力对转子等效抗弯刚度的影响

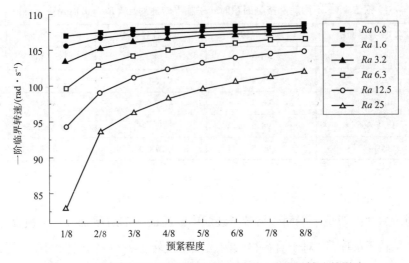

图 5-8　不同表面粗糙度下预紧力对转子一阶临界转速的影响

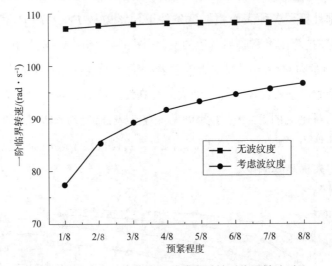

图 5-9　存在和不存在表面波纹度时转子临界转速对比

5.3　端面弧齿动应力分布计算

　　接触界面的不连续效应决定了端面弧齿转子与整体转子在受力方式上的不同，同时也会影响到转子的动特性，进而影响转子的应力分布。分析端面弧齿动应力时首先采用5.2节提出的拉杆转子等效抗弯刚度模型，通过有限元法计算转子的动态响应，然后将转子每一时刻的动态响应作为位移边界条件施加到转子三维有限元模型，计算转子每一时刻的动应力，分析各工况下转子应力变化规律，并对动应力的影响进行评估，得到可供设计参考的结论。

5.3.1　转子动态响应计算

研究端面弧齿动应力分布的第一步是进行转子动力学分析。接触界面处由公式(5-8)计算等效抗弯刚度，连续区域采用传统方法计算抗弯刚度，通过有限元法计算转子的动态响应。由于该动态响应需施加于转子力学分析有限元模型来计算端面弧齿动应力，所以动力学分析模型仍采用图5-2所示的重型燃气轮机转子模型。节点离散情况及质量、刚度、阻尼矩阵等与5.2.2节同。

将离散后转子各段的质量、刚度、阻尼分别代入公式(5-24)

$$[M]\{\ddot{U}\} + [C]\{\dot{U}\} + [K]\{U\} = \{Q\} \qquad (5-24)$$

式中，$[M]$、$[C]$、$[K]$分别为转子的质量、阻尼、刚度矩阵。

$\{U\} = \{x_1, \theta_{y1}, y_1, -\theta_{x1}, x_2, \theta_{y2}, y_2, -\theta_{x2}, \cdots, x_N, \theta_{yN}, y_N, -\theta_{xN}\}$

$\{Q\}$为广义力，不包括滑动轴承油膜力，刚度矩阵计算中，影响区的刚度按照公式(5-8)计算，连续区的刚度按照传统方法计算。

燃气轮机转子结构复杂，自由度很多，每个转子的质心不平衡量不一，并且不平衡方向也无从知晓，因此计算时取动平衡后总的偏心率。根据现场测试结果，正常工作时透平端轴承的振幅为50μm，由此反推得到转子的偏心率大小。

由于滑动轴承刚度和阻尼的各向异性，各节点的轴心轨迹为椭圆。根据现场测试结果，转子的工作转速在二阶临界转速之上，因此转子振型复杂。对于运动中的任一时刻，转子的动态响应为一空间曲线，见图5-10。

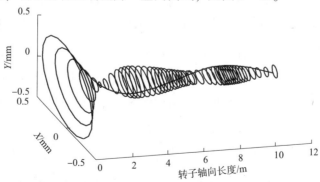

图5-10　转子正常工作时某一时刻动态响应曲线

图 5 - 11 是透平 1 级轮盘的轴心轨迹,将 1 周的运动分成 20 个时间点,分别称为工作点 1~20,其他轮盘及轴段也根据该时间点提取对应的轴心位置,得到相应的动态响应曲线,图 5 - 10 便是一例。将各时刻的动态响应曲线代入转子三维有限元模型,可以得到转子的动应力分布情况。

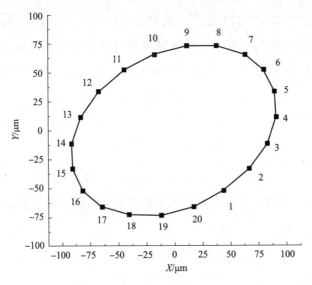

图 5 - 11   正常工作时盘 1 的轴心轨迹

5.3.2   端面弧齿转子有限元模型

端面弧齿形状复杂,难以用解析方法表达复杂的三维应力分布。因此采用接触有限元法对端面弧齿转子进行研究。有限元分析与动态响应分析采用的是相同的转子,以方便将二者结合计算转子的动应力。该燃气轮机转子透平端有 4 级轮盘,端面弧齿齿数为 180,轮盘用 12 根周向拉杆连接,采用分段预紧,通过中间过渡部分与压气端连接。端面弧齿的建模方法及网格划分原则见 4.2.1。建立的转子有限元模型见图 5 - 12。右上角是端面弧齿网格的局部放大图。根据 4.2.1 节的网格划分对比,当端面弧齿处网格达到图 5 - 12 的密度时,可以满足有限元计算精度,有限元分析中端面弧齿转子材料特性与 4.2.2 节相同,见表 4 - 1。

边界条件的施加与 4.2.3 节基本相同,不同之处在于没有循环对称边界,并且压气端扭矩和输出端扭矩分别施加。弯曲作用力的施加是首先用集总质量通过有限元法分析转子在工作时的不平衡响应,得到相应的振型曲线,然后把该动态响应曲线代入 Ansys 模型，即提取动力学分析模型中各节点的动态位移，加在 Ansys 有限元分析模型中相应的轴向位置。

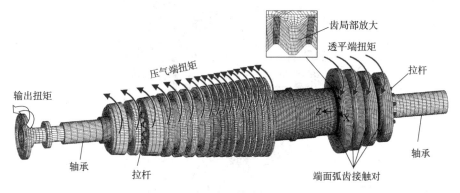

图 5 - 12　某一重型燃气轮机转子有限元模型及边界条件

5.3.3　端面弧齿齿间应力分布规律研究

周向拉杆结构破坏了转子的周期对称性，使得周向各齿产生了应力差。端面弧齿转子每个接触对由凸齿和凹齿配合而成，各有 180 个齿，每个端面弧齿角度为 1°，两齿间空余 1°与另一个轮盘的端面弧齿配合。以透平端接触对 2 为例，首先计算端面弧齿齿间应力变化规律，再对不同接触对进行研究，得到端面弧齿不同级的接触对之间应力变化规律。从 0°开始按顺序对 180 个齿进行编号，见图 5 - 13，同时图 5 - 13 也体现了各端面弧齿与拉杆的相对位置。端面弧齿齿面和齿根在不同工况下应力状态有很大差别，图 5 - 14 和图 5 - 15 分别为端面弧齿在预紧力、离心力、扭矩力及动态弯曲力作用下的齿面 Intensity 等效应力和 von Mises 应力，其应力大小为接触面上各节点的平均应力；图 5 - 16 和图 5 - 17 分别为端面弧齿在预紧力、离心力、扭矩力及动态弯曲力作用下的齿面最大 Intensity 等效应力和最大 von Mises 应力；图 5 - 18 为端面弧齿在预紧力、离心力、扭矩力及动态弯曲力作用下的齿根最大 Intensity 等效应力。由此可见，无论何种工况，端面弧齿的 Intensity 等效应力均大于 von Mises 等效应力。图 5 - 19(a)(b) 是其中一个齿在各工况下的正应力和剪应力变化曲线，其中 X 表示径向，Y 表示周向，Z 表示轴向。柱坐标系下的各方向的正应力表示为 S_{XX}、S_{YY} 和 S_{ZZ}，剪应力表示为 S_{XY}、S_{YZ} 和 S_{XZ}。对比图 5 - 14 ~ 图 5 - 19 并分析端面弧齿在预紧力、离心力、扭矩力和弯曲力作用下的应力分布情况。

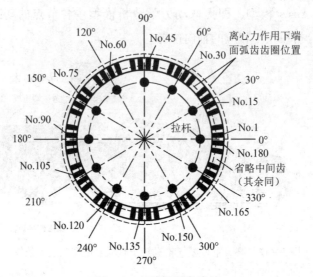

图 5-13　端面弧齿编号

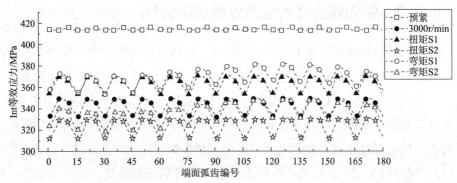

图 5-14　不同工况条件下端面弧齿的齿面 Intensity 等效应力
（S1 表示承扭侧；S2 表示非承扭侧）

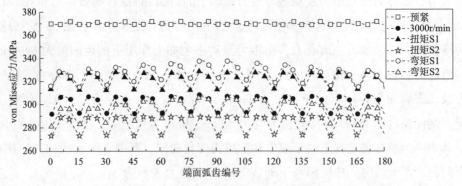

图 5-15　不同工况条件下端面弧齿的齿面 von Mises 等效应力
（S1 表示承扭侧；S2 表示非承扭侧）

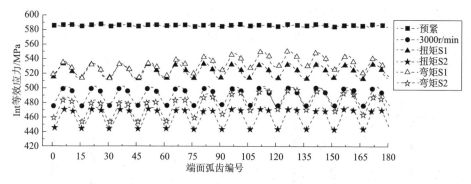

图 5 – 16 不同工况条件下端面弧齿的齿面最大 Intensity 等效应力
（S1 表示承扭侧；S2 表示非承扭侧）

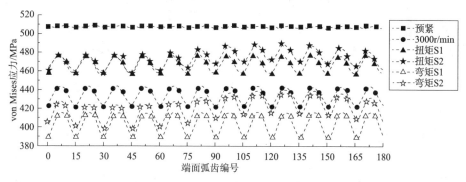

图 5 – 17 不同工况条件下端面弧齿的齿面最大 von Mises 等效应力
（S1 表示承扭侧；S2 表示非承扭侧）

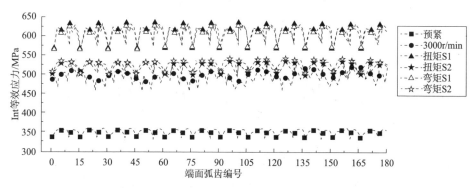

图 5 – 18 不同工况条件下端面弧齿的齿根最大 Intensity 等效应力
（S1 表示承扭侧；S2 表示非承扭侧）

1. 预紧力的影响

由图 5 – 14 和图 5 – 15 可以看出，在预紧力作用下，12 根离散拉杆所形成的
应力局部化现象不明显，各齿应力相差不大。由图 5 – 19 可以看出，此时端面弧

齿齿面应力主要表现为轴向和周向的正应力以及剪应力，而径向应力很小，可以忽略不计。这样，在用应变片对端面弧齿接触应力进行测试时，可只测量周向和轴向应力以及它们之间的剪应力，而不考虑径向应力，简化了测量过程。

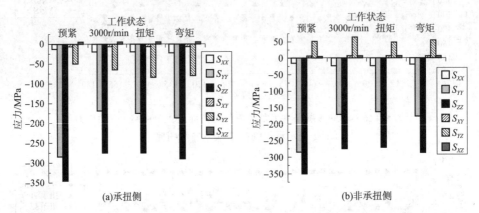

图 5 - 19 齿 120 各向应力对比

通过计算，预紧后端面弧齿轴向应力与周向应力的大小与压力角有关，对比压力角为30°和40°时端面弧齿应力（图5-20）可以看出，压力角越大，端面弧齿应力越小，从而承扭能力越强。这是因为节圆位置不变时，压力角减小，齿根位置变窄，而齿尖位置变宽，由于齿根处距离轮盘近，所以端面弧齿的强度取决于

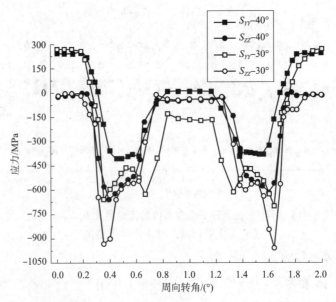

图 5 - 20 不同压力角（30°与40°）周向应力及轴向应力对比

齿根位置的强度，齿根变窄时，端面弧齿强度减弱，因此其应力增加。但当压力角大于45°后，轴向力小于周向力，容易造成接触界面滑移，反而不利于承扭。此外，压力角减小后，由于齿根强度降低，也导致接触界面应力分布不均，齿根位置接触界面边缘处应力急剧增加，并且超过强度极限，因此设计时应根据载荷及端面弧齿个数选择合适的压力角。轻载时选择较小压力角，可使预紧力不必过大；而重载时采用较大压力角，并增加预紧力来提高承扭能力。例如美国西屋公司和日本三菱公司的重型燃气轮机大多采用40°压力角的端面弧齿。

2. 离心力的影响

由图5-14~图5-17可以看出，离心力对齿面应力的影响首先是使端面弧齿齿面应力降低，其次是形成了明显的应力局部化现象，180个齿中表现出了明显的波峰波谷，结合图5-13可以看出，处于拉杆位置的端面弧齿应力较小。其原因如下：在离心力作用下，轮盘产生了一定的径向伸长量，由于泊松效应而使轴向缩短，从而产生了预紧松弛现象。并且由于轮盘的径向变形，使得端面弧齿的径向位置也有所改变，从图5-13中实线位置变到虚线位置，端面弧齿径向直径的增加导致周向挤压力减小，同时也减小了周向应力（S_{YY}）。对比图5-19(a)和(b)还可以看出，离心力作用下，端面弧齿YZ方向剪应力S_{YZ}稍有增加（未施加扭矩前承扭侧和非承扭侧应力大小没有区别，正负只是方向不同的定义），该现象是由于离心力作用使端面弧齿预紧松弛引起，端面弧齿的松弛使两个配合的齿面产生轴向相对运动的趋势，而YZ方向的剪应力阻止了其相对运动，导致其剪应力增加。其次由于拉杆的存在，致使轮盘周向质量不再均匀，而是存在周期性变化，拉杆材料的密度较大，并且体积也大于各级轮盘去除材料的总和，因此旋转时拉杆的离心力作用于轮盘，导致拉杆位置轮盘径向变形较大，由于泊松效应，其轴向和周向的负变形也大，因而导致端面弧齿周向应力S_{YY}和轴向应力S_{ZZ}减少量也较其他位置大，从而形成了图5-14所示的应力波动。该波动将一直存在于整个工作过程中。对于此类结构，拉杆引起的波动在所难免，只能尽可能减小而无法消除。在设计中选择与轮盘密度相同或密度小于轮盘的拉杆材料，或者适当增加拉杆数量可减小端面弧齿应力波动。图5-21是将拉杆数量增加一倍后的端面弧齿接触界面应力分布，可以看到，离散拉杆造成的应力波动明显减小。

由图5-18可知，离心力对端面弧齿齿根应力的影响还导致齿根应力显著增加。从图5-22可以看出（不存在扭矩时，剪应力的影响较小，为方便对比，图

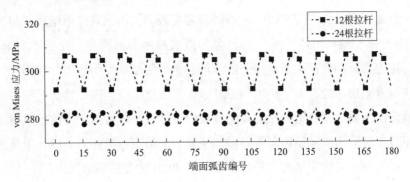

图 5 − 21　升速至 3000r/min 时不同拉杆数量端面弧齿应力对比

5 − 22 只给出了正应力），从预紧完成到升速至工作转速，齿根的径向应力和轴向应力基本保持不变，而周向应力显著增加，其原因是：预紧完成后，齿根的周向力与齿面相反，齿面的周向力主要表现为压应力，即齿面的周向挤压，而齿根主要表现为周向拉伸，工作过程中，由于离心力导致径向位置向外移动（由图5 − 13 的实线位置变到虚线位置），使得原来大小的齿圈需进一步拉伸以适应新的位置，该拉伸造成了齿根的周向应力的增加。离心力作用下，周向应力已成为齿根处的主要应力形式，因此当转速达到一定大小时，端面弧齿的最大应力将发生在齿根。此外，由于拉杆位置径向位移大于中间位置，也导致了拉杆位置齿根周向应力增加较多，使得拉杆位置齿根应力大于中间位置，而齿面应力则相反（图5 − 23），齿根应力的增加与齿面应力的减小使得拉杆位置的端面弧齿受力状态尤为恶劣，是承载中的薄弱环节。

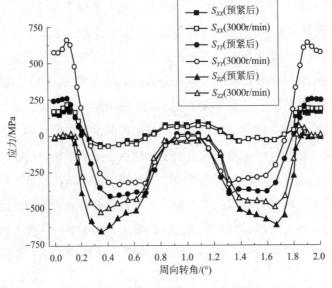

图 5 − 22　预紧后和升速后正应力对比

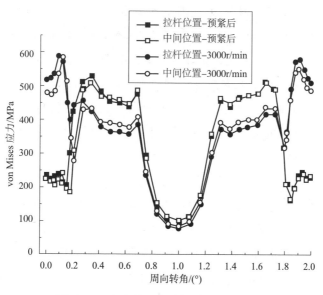

图 5 - 23 拉杆位置与中间位置应力对比

3. 扭矩力的影响

在图 5 - 14 ~ 图 5 - 17 中，扭矩力的作用使端面弧齿的承扭侧应力升高，非承扭侧应力降低。基本在离心力应力曲线的两侧对称分布。而对比图 5 - 19(a) 和(b)可以看出，扭矩力主要是改变了 YZ 方向的剪应力 S_{YZ}，承扭侧的剪应力增加，非承扭侧则剪应力降低，轴向应力基本不受扭矩力影响，周向力由于承扭时的挤压作用而在承扭侧增加，但非承扭侧则基本不变。因此可以得出端面弧齿主要是依靠 YZ 方向的剪切作用和承扭侧的周向挤压作用承扭，根据端面弧齿的承扭特点，设计上应选择抗剪能力强的材料，并经过优化计算选择合适的压力角使端面弧齿承扭能力达到最大。

4. 弯曲力的影响

叠加了弯曲力后由于转子的涡动而使拉杆稍有伸长，因此无论承扭侧还是非承扭侧应力均有所增加。并且由于弯曲，导致各拉杆的伸长量不同，随着转动位置而发生周期性变化。因此 180 个齿的应力不再呈周期对称性。各齿的应力状态随时间变化，这也造成了各齿的应力交变，交变幅值的大小直接影响到端面弧齿的疲劳寿命，因此，设计中需根据计算结果严格进行动平衡，确保响应幅值在应力交变许可的范围内。由图 5 - 14 可知，正常工作时，在转子发生涡动而产生的弯曲力作用下，承扭侧应力增加了2%，非承扭侧应力增加了6%，该值小于离散拉杆造成的应力波动(5%)以及承扭造成的端面弧齿两侧应力不等量(13%)，对于不同转子，该值并非固定，设计时需要根据具体转子进行估算。但弯曲应力产生的不利影响在于其导致周向各齿的应力不均，从而导致转子刚度的各向异性，转子刚度各向异性会增加轴心轨迹的椭圆程度，从而降低转子的稳定性，并导致转子应力交变程度增加。因此正确评估转子弯曲应力造成的影响是端面弧齿转子设计不可或缺的环节。图5-24(a)和(b)是不同位置端面弧齿在图5-11所示20个工作点的应力曲线。由于转子运动为一涡动过程，随着工作点的变化，转子的位置也发生相应变化。理论上，如果转子轴心轨迹为圆形，转子内部不会产生应力交变，但大多数情况下，由于支撑刚度的各向异性，转子轴心轨迹为椭圆，转子从椭圆的短轴运动到长轴的过程将产生应力交变，运动一周将产生两次交变。如果转子轴心轨迹较小，并且长轴短轴相差较小时，该应力交变可以忽略，例如图5-24(a)所示的应力交变幅值。图5-24(b)是不同位置的端面弧齿的应力对比，可以看出，同样处于拉杆位置的齿在弯曲力的作用下，会产生一定的应力差别，当该差别较大时，会造成局部端面弧齿的疲劳损伤，在端弧面齿设计中应予以避免。

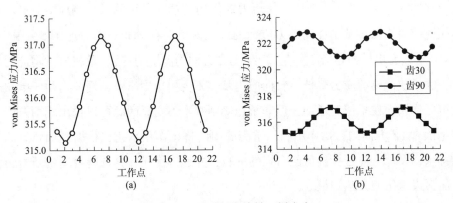

图5-24　端面弧齿旋转一周应力

由于转子结构的周期对称性，均匀预紧的拉杆转子在未弯曲时各拉杆的应力基本相同，而当转子发生弯曲时，拉杆应力也会发生相应的变化，拉杆受拉应力，端面弧齿受压应力，因此，拉杆的应力变化与端面弧齿相反，见图5-25。当轴承的刚度和阻尼特性一定时，应力最大的拉杆和端面弧齿的位置也一定，即某些拉杆在运动中总是处于应力较大位置，某些拉杆总是处于应力较小位置。如果设计中没有将拉杆应力控制在合理的水平，应力大的拉杆螺纹处将首先发生塑性变形，从而引起松弛，而该松弛又影响接触界面的刚度，造成刚度各向异性，加大了轴心轨迹的椭圆程度，进一步增加拉杆应力。正常工作时，各拉杆应力差别较小，基本仍可当作均匀预紧，但发生故障时，例如叶片断裂，各拉杆应力差会突然增加很多。图5－25反映了正常工作时和某一叶片断裂时拉杆和端面弧齿的应力对比，叶片断裂时，拉杆应力差已达60MPa。拉杆失效将对转子系统产生灾难性的后果，因所有轮盘靠拉杆连为一体，拉杆一旦失效，转子将解体，某些部分在离心力的作用下甚至可能穿透壳体，因此拉杆的设计必须保证转子无论是定常工况还是非定常工况的安全，考虑故障工况时，拉杆能够承受突增的应力，不至于发生破坏而导致灾难性后果。

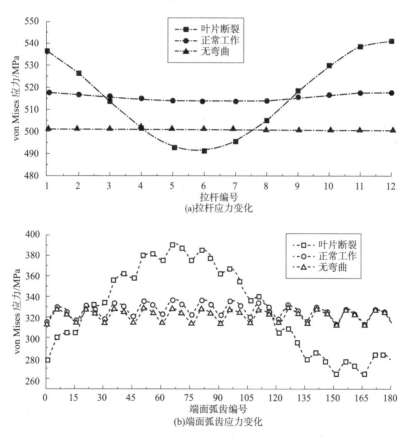

图5－25 拉杆和端面弧齿应力对比

5.3.4 端面弧齿不同位置接触对应力分析

由于结构差异，且运行时各级所受载荷不同，端面弧齿各接触对的应力也存在一定差异，通过对产生端面弧齿不同位置接触对应力差异的原因进行分析，研究如何通过结构设计控制各级端面弧齿应力的大小，最终实现理想的应力分布状态。

图 5 - 26 ~ 图 5 - 41 是端面弧齿接触对 1 ~ 4 在预紧力、离心力、扭矩力和动态弯曲力作用下的齿面平均 Intensity 等效应力、齿面平均 von Mises 等效应力、齿面最大 Intensity 等效应力和齿面最大 von Mises 等效应力对比，图 5 - 42 是接触对 1 ~ 4 中第 120 齿的承扭侧在上述各力作用下各向应力对比。根据图 5 - 26 ~ 图 5 - 41，无论是齿面平均应力还是最大应力，Intensity 等效应力均大于 von Mises 等效应力，因此对于塑性材料，第三强度理论偏于安全，第四强度理论使材料得到充分利用。由图 5 - 26 和图 5 - 27 可以看出，预紧后处于中间位置的端面弧齿接触面平均应力较大，而处于边缘位置的端面弧齿接触面平均应力较小。从图 5 - 42 可知，该差别主要由周向应力引起。根据图 5 - 2 可知，接触对 1 和 4 端面弧齿两侧的薄壁部分较长，而薄壁部分在预紧时会产生鼓桶形弯曲(图 5 - 43)，薄壁部分越长，鼓桶形弯曲程度越大。鼓桶弯曲增大了接触对 1 和 4 的径向位置，导致各齿之间的周向挤压力减小，而接触应力是由周向应力和轴向应力合成，同样的拉杆预紧力下，轴向应力基本相同，当周向力减小时，总体的 Intensity 等效应力和 von Mises 等效应力随之减小，所以端面弧齿两侧薄壁部分较长，产生的鼓桶形弯曲导致了接触对 1 和 4 的应力减小。但图 5 - 28 ~ 图 5 - 29 的最大应力却呈现接触对 1 ~ 4 逐渐减小的现象，最大应力体现了应力不均匀程度，接触对 1 的受力情况复杂，最大应力较其他接触对高出很多。离心力作用下接触对 1 ~ 4 的应力变化与预紧力作用相反，接触对 1 和接触对 4 的平均 Intensity 等效应力和 von Mises 等效应力大于接触对 2 和接触对 3(图 5 - 30 和图 5 - 31)，接触对 2 和接触对 3 两侧叶轮直径较大，导致离心力较大，径向变形增加，由于泊松效应，其轴向负变形增加，从而减小了齿面的挤压力。

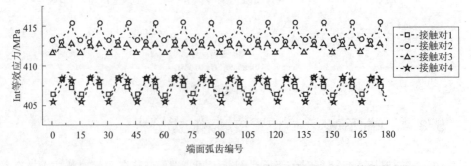

图 5 - 26　预紧后端面弧齿不同接触对齿面平均 Intensity 等效应力

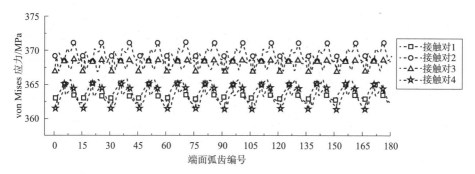

图 5 - 27   预紧后端面弧齿不同接触对齿面平均 von Mises 等效应力

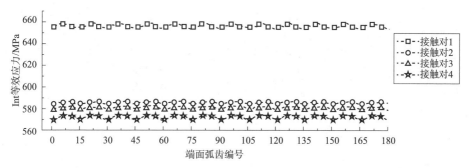

图 5 - 28   预紧后端面弧齿不同接触对齿面最大 Intensity 等效应力

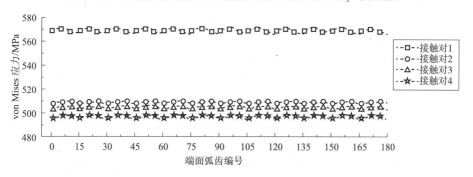

图 5 - 29   预紧后端面弧齿不同接触对齿面最大 von Mises 等效应力

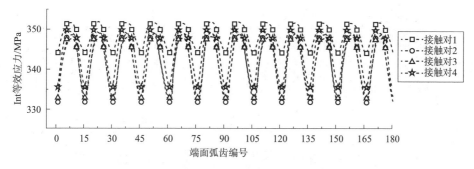

图 5 - 30   离心力作用下端面弧齿不同接触对齿面平均 Intensity 等效应力

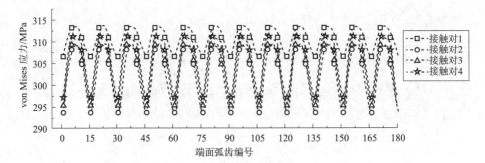

图 5 - 31　离心力作用下端面弧齿不同接触对齿面平均 von Mises 等效应力

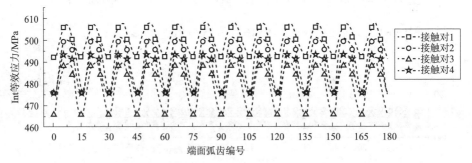

图 5 - 32　离心力作用下端面弧齿不同接触对齿面最大 Intensity 等效应力

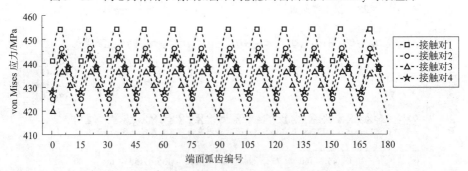

图 5 - 33　离心力作用下端面弧齿不同接触对齿面最大 von Mises 等效应力

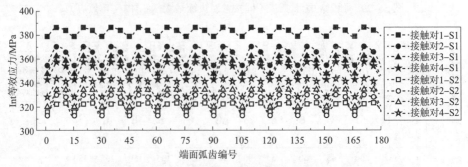

图 5 - 34　扭矩力作用下端面弧齿不同接触对齿面平均 Intensity 等效应力
（S1 表示承扭侧；S2 表示非承扭侧）

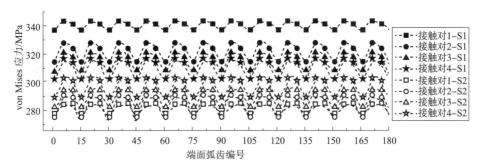

图 5 - 35　扭矩力作用下端面弧齿不同接触对齿面平均 von Mises 等效应力
（S1 表示承扭侧；S2 表示非承扭侧）

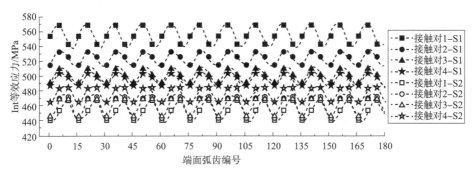

图 5 - 36　扭矩力作用下端面弧齿不同接触对齿面最大 Intensity 等效应力
（S1 表示承扭侧；S2 表示非承扭侧）

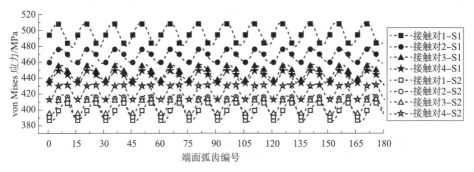

图 5 - 37　扭矩力作用下端面弧齿不同接触对齿面最大 von Mises 等效应力
（S1 表示承扭侧；S2 表示非承扭侧）

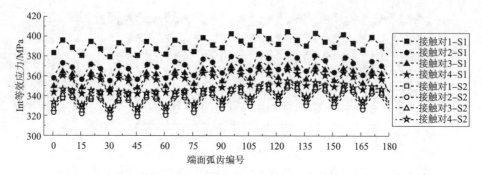

图 5 – 38　弯曲力作用下端面弧齿不同接触对齿面平均 Intensity 等效应力
（S1 表示承扭侧；S2 表示非承扭侧）

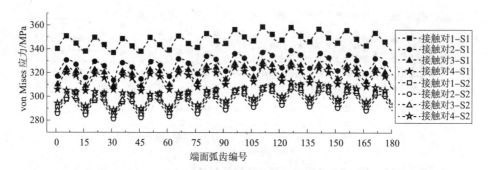

图 5 – 39　弯曲力作用下端面弧齿不同接触对齿面平均 von Mises 等效应力
（S1 表示承扭侧；S2 表示非承扭侧）

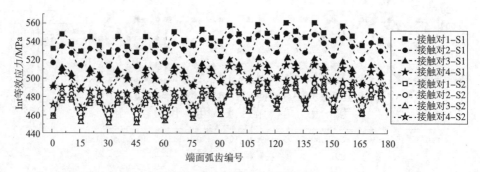

图 5 – 40　弯曲力作用下端面弧齿不同接触对齿面最大 Intensity 等效应力
（S1 表示承扭侧；S2 表示非承扭侧）

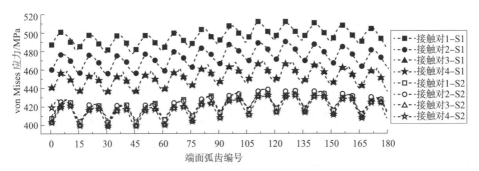

图 5 – 41 弯曲力作用下端面弧齿不同接触对齿面最大 von Mises 等效应力
（S1 表示承扭侧；S2 表示非承扭侧）

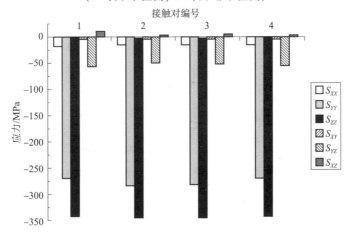

图 5 – 42 接触对 1 – 4 中齿 120 各向应力对比

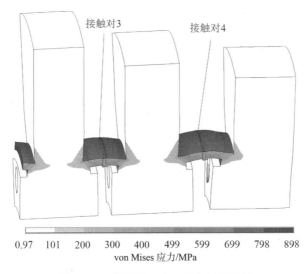

图 5 – 43 接触对 3 和 4 径向鼓桶变形

扭矩力作用下端面弧齿承扭侧应力增加，非承扭侧应力降低，燃气轮机工作时，每级叶片产生一定扭矩，分别由相应的轮盘和端面弧齿承担，但在扭矩力作用下，不同部位端面弧齿受力各不相同，由图 5-34 ~ 图 5-37 可以看出，端面弧齿接触对 1 的承扭侧和非承扭侧应力差最大，接触对 4 的应力差最小，这与输出端的位置有关。弯曲力作用下端面弧齿应力出现波动，但不同接触对的应力变化规律并未改变。此外，弯曲力作用下出现了端面弧齿接触对 1 ~ 4 的非承扭侧应力几乎相等的现象，其原因如下：由于非承扭侧应力在离心力作用下几乎相等，在扭矩力作用下减小，各级应力的减小量不等，而弯曲力的作用使端面弧齿应力增加，应力增加的效果是首先抵消应力减小部分，然后共同增加，因此形成了非承扭侧应力几乎相等的状态。而对于承扭侧，应力始终增加，则不存在该现象。

5.4　薄壁结构对端面弧齿应力分布的影响

5.4.1　薄壁结构对端面弧齿不同位置接触对应力分布的影响

通过 5.3.4 节的研究可知，由于各接触对的薄壁长度不等造成预紧后端面弧齿各接触对的预紧力不同，两侧薄壁部分较长的接触对预紧后端面弧齿接触力较小，反之较大。薄壁部分在预紧过程中的这种变形特点提示我们在端面弧齿设计中可通过调整薄壁长度来控制每个齿对预紧过程的应力大小。由于各级轮盘大小不等，因此其质量特性也存在差别，在离心力作用下，各轮盘的径向变形亦不相等，从而导致端面弧齿各接触对在离心力作用下应力减小量不同。而薄壁结构的调节作用使得设计者可以根据轮盘的具体情况设计端面弧齿两侧薄壁部分长度，轮盘质量较大，薄壁长度较短，这样在预紧过程中该处端面弧齿应力较大，而由于轮盘质量大，在离心力的作用下应力减小较多，最终可达到各接触对应力相等。从图 5-30 ~ 图 5-33 可以看出该设计基本达到了目的(接触对 1 由于处于过渡部分，情况比较复杂，并且一侧没有轮盘，所以应力波动较小)。

5.4.2　薄壁结构对端面弧齿径向应力分布的影响

端面弧齿的薄壁结构设计也影响了径向应力分布，即从端面弧齿内圈到外圈的应力分布。图 5-44 反映了几种不同的薄壁结构设计与端面弧齿径向应力的关系，不存在薄壁部分时，端面弧齿应力表现为从内圈到外圈逐渐降低，并且内外圈应力相差最为悬殊，这是因为结构由刚度很大的轮盘突然过渡到刚度较小的端面弧齿引起，由于拉杆位于端面弧齿内侧，预紧时弯矩作用使得端面弧齿内圈接触面应力大于外圈，有可能导致预紧时外圈接触面的分离，严重影响端面弧齿的承载。当端面弧齿和轮盘之间加了与端面弧齿等厚的薄壁部分（图 5-44 中薄壁 -2）后，由于薄壁部分在预紧时发生少许鼓桶形变形，产生一定的缓冲作用，明显改善了端面弧齿内外圈应力差，但内圈应力仍然大于外圈。而当薄壁部分在内圈部位略薄于端面弧齿厚度时（图 5-44 中称为薄壁 -1，图 2-3 右下角可见该结构），不但减小了内外圈的应力差，而且由于内圈处的刚度削弱，增加了变形能力，导致端面弧齿径向上最大应力发生在外圈，有效地避免了预紧时外圈应力过小甚至分离的现象。

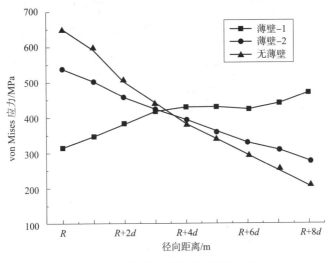

图 5-44 不同薄壁结构端面弧齿应力对

5.4.3 薄壁结构对端面弧齿动应力的调节作用

值得注意的是，在弯曲力作用下，接触对 1 的拉杆位置和中间位置的应力差增大，几乎达到了和其他接触对相等的程度。该原因解释如下：由图 5-2 可知，接触对 1 端面弧齿两侧的薄壁部分长度不等，在预紧力作用下，产生了鼓桶形变形，尤其是薄壁部分长的一侧，变形尤为明显，甚至产生了径向滑移；但在工作时，由于转子发生涡动，产生动态弯曲力，使转子中心偏离现有位置，转子会稍有伸长，而薄壁部分刚度较小，所以转子伸长会首先将薄壁部分的鼓桶变形回拉[对比图 5 – 45(a)和(b)可见]，这将导致端面弧齿的径向尺寸减小，从而增加转子的周向挤压力，使得转子应力增加。但对于拉杆位置，因拉杆在离心力作用下将向外甩出，并且拉伸只会改变其力，不改变其位置，由于拉杆的阻挡，拉杆位置的回弹效果不明显，所以周向力改变较小，因此形成了端面弧齿接触对 1 的波动较大。由此可见，对于两侧轮盘质量相差悬殊的接触对，可在设计中使端面弧齿两侧薄壁部分长度不等，达到工作中端面弧齿各接触对具有基本相同的应力波动效果。

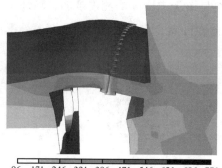

96 171 246 321 396 471 546 621 696 771
von Mises 应力/MPa
(a)不存在弯曲力

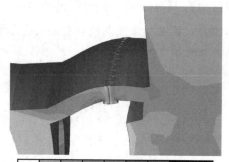

69 152 235 317 400 483 566 648 731 814
von Mises 应力/MPa
(b)弯曲力作用下

图 5 – 45　接触对 1 变形对比

第6章 失谐状态下端面弧齿应力分布规律

6.1 概述

重型燃气轮机转子是一类典型的周期对称结构，而由于加工误差等引起周期对称性的少量改变称之为失谐。目前对于失谐的研究主要集中于叶盘（blisk）结构，大多研究叶片失谐引起的叶片振动局部化现象，这种结构一般为弱耦合结构。此外，叶片失谐不单纯对叶片的振动造成影响，也会影响转子的振动，由于叶片失谐、局部断裂乃至全部断裂，造成转子局部质量偏心，更会导致转子运动状态的改变，对于端面弧齿连接转子，也会影响到端面弧齿和拉杆的应力分布。叶盘结构失谐引起叶片应力局部化问题已有相对成熟的研究成果[63,67,130-132]，但叶片失谐对端面弧齿及拉杆应力分布的影响规律（侧重点是转子而非叶片）仍有待研究。对于周向拉杆，存在另一种失谐，即各个拉杆预紧不均匀导致的失谐，如果一根拉杆的预紧力与其他拉杆不同，则该拉杆在转子弯曲时受力与其他拉杆不同，同时也改变了转子的抗弯刚度，并产生刚度各向异性。周向拉杆的受力情况与拉杆所处位置有关，转子旋转过程中，失谐拉杆位置会随之发生周期性变化，从而引起转子抗弯刚度各向异性的时变性。这种失谐不同于叶盘结构等弱耦合结构的失谐，而是类似于裂纹转子产生的刚度各向异性。

本章的主要内容包括，建立拉杆转子失谐刚度模型，探讨叶片失谐和拉杆失谐对转子动力学特性的影响，根据动力学分析结果，进一步研究叶片和拉杆失谐时端面弧齿应力变化规律。在第5章基础上将动应力的研究范畴深入到故障领域，给出端面弧齿非定常工况下的应力变化规律。

6.2　叶片失谐对转子动力学特性及端面弧齿应力分布的影响

对于周期性的重型燃气轮机转子，其失谐包括叶片失谐、拉杆失谐和端面弧齿失谐，其中端面弧齿由于采用同一工序加工，即使存在失谐，失谐量也很小，并且端面弧齿本身很小，端面弧齿失谐不会对转子造成严重影响，因此只考虑叶片失谐和拉杆失谐。

6.2.1　叶片失谐时转子动态响应计算

分析叶片失谐对端面弧齿应力分布的影响也是先进行转子动力学响应分析，再把动力学分析结果与接触有限元模型结合，研究失谐对端面弧齿应力分布的影响。叶片一般按周期对称布置分布在轮盘周围，但由于加工误差、运行磨损或材料差异，无法做到每个叶片完全相同[133]，这类由于加工误差等引起的结构周期性遭到破坏称为失谐，失谐叶片质量或形状的改变量与无失谐叶片质量或尺寸之比称为失谐率。当叶片失谐时，会使个别叶片产生较大振动，引起叶片的应力局部化现象。但叶片的失谐也会对转子造成影响，使转子产生不平衡质量，加剧转子的振动。此外，除了加工上的失谐(失谐量较少)，由于服役环境或设计问题导致的叶片局部或完全断裂以及叶片初始少量失谐引起的应力局部化导致的叶片损伤或断裂在本书中统称为失谐。失谐量较小的失谐通常由加工或装配引起，而失谐量较大的失谐，通常由叶片损伤或断裂引起。本章重点讲述叶片失谐对转子动力学特性和端面弧齿应力分布的影响，主要关心叶片失谐所引起的不平衡质量，因此失谐率主要指质量的改变量，并且认为质量的改变仅由加工误差或使用中的磨损、断裂等引起，不包括材料本身密度不均匀引起的失谐。叶片失谐相当于给转子施加了不平衡质量，失谐率越大，不平衡质量越大。

图6-1是透平第4级某一叶片不同程度失谐时透平第1级轮盘的动态响应曲线。随着叶片失谐率加大，转子的响应幅值逐渐加剧，当失谐率超过10%时，转子动态响应增加明显，一般失谐率超过10%时不是由于加工误差引起，而是由于故障(如叶片严重磨损、局部或全部断裂)引起，应立即停机排除故障。叶

片失谐增加了转子的不平衡质量，但没有改变转子的刚度，因此轴心轨迹的形状不发生改变。

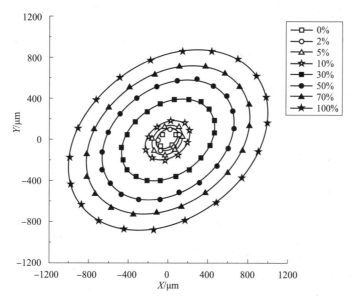

图6-1　透平4级叶片不同程度失谐时透平1级轮盘动态响应

图6-2(a)~(d)是透平1~4级叶片分别断裂时透平各级轮盘的动态响应。根据图6-2，透平1~4级叶片断裂时，响应均从透平1级轮盘到透平4级轮盘逐渐降低，而透平各级轮盘的质量也从透平1级到透平4级逐渐降低，可见轮盘的响应幅值与轮盘质量有关，轮盘质量越大，响应幅值越大。

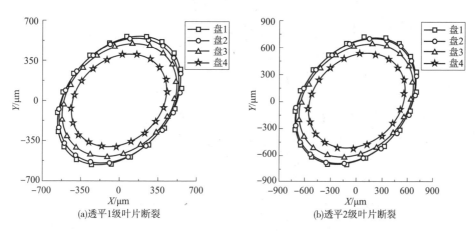

(a)透平1级叶片断裂　　　　　　　(b)透平2级叶片断裂

图6-2　透平各级叶片断裂时透平1-4级轮盘动态响应

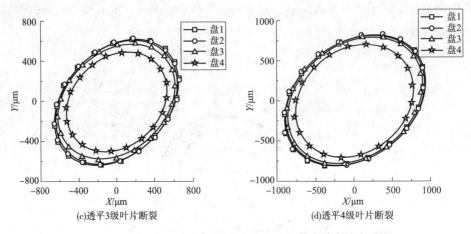

(c)透平3级叶片断裂　　　　　　　　　(d)透平4级叶片断裂

图6-2　透平各级叶片断裂时透平1-4级轮盘动态响应(续)

图6-3是透平1~4级叶片断裂时透平1级轮盘的动态响应,由于透平4级叶片质量最大,因此,透平4级叶片断裂时轮盘的响应最大。可以得出,同一激励下轮盘响应幅值与轮盘质量有关,不同激励下轮盘的响应幅值与激励大小有关。

由图6-2和图6-3可知,无论哪级叶片失谐,都是透平1级轮盘处的响应幅值最大,因此选择透平1级轮盘附近的端面弧齿接触对进行评估(接触对1只有一侧有轮盘,不具有代表性,故选取接触对2进行研究,并且从图6-2可以看出,透平2级轮盘动态响应也比较大)。

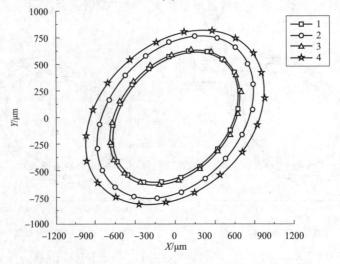

图6-3　透平1~4级叶片分别断裂时轮盘1的动态响应

即使转子经过动平衡后依然存在初始不平衡量，但是不同位置叶片失谐时所产生的不平衡量与初始不平衡量相耦合时会产生不同的动态响应，图6-4是失

谐叶片与初始不平衡量夹角对失谐响应的影响曲线，可以看出，当二者的夹角为150°时失谐响应幅值最大，该现象主要由轴承阻尼引起，若不考虑轴承阻尼的影响，则二者的夹角应为180°时振幅最大。由图6-1可知，轴心轨迹长轴与 X 轴夹角为30°，150°刚好为180°与长轴在坐标系中的角度之差。根据该结论，可以评估叶片失谐对转子动态响应的影响区间。

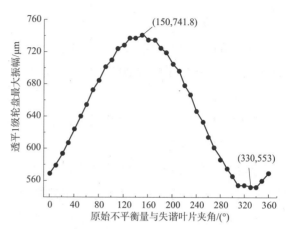

图6-4 叶片失谐与初始不平衡量
耦合时最大振幅与角度关系

叶片失谐会对转子附加一不平衡量，叶片失谐时转子动态响应的计算方法与5.3.1节正常工作时响应的计算方法相同，只需在广义力向量中相应位置加上由于叶片失谐或断裂引起的不平衡力即可。图6-5是某一叶片失谐时转子动态响应曲线，对比图5-10和图6-5可以看出，叶片失谐时转子响应幅值较无失谐时增加很多。由于转子工作转速高于二阶临界转速，因此动态响应表现为二阶振型，且为空间曲线，只能通过三维模型模拟。

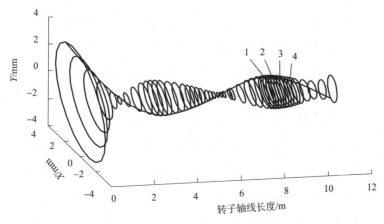

图6-5 某一叶片失谐时转子动态响应

6.2.2　叶片失谐对端面弧齿应力分布的影响

某一叶片失谐时转子的动态响应见图 6 – 5，其他叶片不同程度失谐的计算方法与之相同，响应曲线与图 6 – 5 类似。将转子各时刻动态响应作为位移边界条件代入图 6 – 6 所示的端面弧齿转子有限元模型，可以求得各时刻转子的动应力。由于叶片失谐相当于对转子增加了不平衡力，该不平衡力除了在转子运行中引发转子的动态响应外，还会作用于转子一径向不平衡力，该不平衡力表示为图 6 – 6 中的 F 力。因此转子中除了动态响应引起的动应力外，不平衡的径向力还会引起附加应力。该不平衡力将作为力载荷施加于相应的叶片失谐部位，后面研究中对该不平衡力的影响程度也进行了评估。有限元计算中其他边界的施加方法与 5.3.2 节相同。

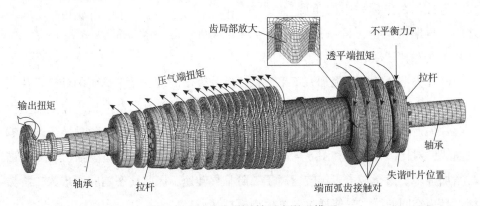

图 6 – 6　叶片失谐时转子有限元模型

转子运动时的动态响应将使整个转子弯向某一侧。对于整体转子，其受弯曲力作用将会产生受拉侧和受压侧，而拉杆转子由于接触界面的不连续，受压侧的压力由接触界面承受，受拉侧的拉力由拉杆承受，即拉杆受到拉伸，预紧力增加，增加的预紧力由轮盘的预紧力减少来补偿。因此，拉杆和轮盘表现出一侧应力升高另一侧应力降低的现象。因端面弧齿直径大于拉杆直径，端面弧齿首先发生轴向压缩而使端面弧齿压缩量大于拉杆拉伸量，所以受压侧端面弧齿应力增加量大于受拉侧端面弧齿应力减小量，但该差别不是很大，在动态响应幅值小时较为明显，如转子正常工作时端面弧齿的应力变化曲线（图 5 – 14 ~ 图 5 – 17），受压侧可以看出明显的应力改变，但受拉侧应力改变不明显。随着响应幅值的增加，该差别依然存在，但与较大的弯曲动应力相比并不明显（图 6 – 7）。图 6 – 7

（a）和（b）是叶片不同程度失谐时端面弧齿承扭侧和非承扭侧应力对比，叶片失谐率较大时，应力最大的端面弧齿和应力最小的端面弧齿应力差已达到140MPa，因此叶片失谐时，端面弧齿将会产生较大的应力交变。最大应力端面弧齿发生在第75号齿附近，这也与图6-4反映的规律相同(端面弧齿齿数为180，每个齿为2°，第75号齿位于150°附近)。

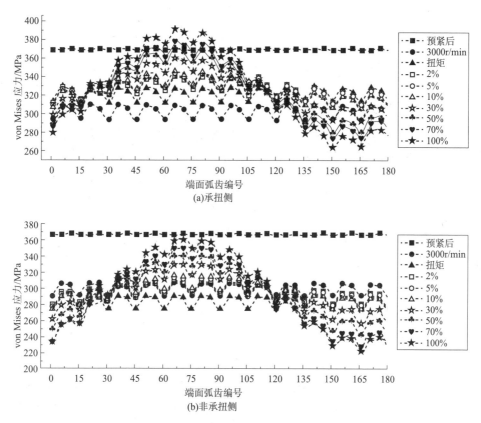

图6-7 叶片不同程度失谐端面弧齿应力对比

即使叶片失谐后端面弧齿应力仍在材料强度许可范围内，也会因转子交替运转于动态响应椭圆长轴和短轴而产生交变应力，进而引起高周疲劳问题，并且接触界面上过大的应力差异也会影响转子的刚度(动刚度)，使刚度产生各向异性，从而影响转子的稳定性。对于端面弧齿强度，虽然离心力引起的预紧松弛使端面弧齿齿面应力降低很多，叠加了弯曲动应力后依然在材料强度许可范围内，但由5.3.3节可知，离心力的作用会使端面弧齿齿根应力增加。图6-8反映了透平4级某一叶片断裂时与正常工作时端面弧齿齿根应力分布，由于离心力作用下端面弧齿齿根应力增加,加之弯曲动应力使个别齿应力进一步增加,因此叶片失谐时应重点对端面弧齿齿根应力进行评估。此外,燃气轮机转子工作温度较高,拉杆和轮盘材料线膨胀系数的不同也会改变热态时转子的应力分布。拉杆材料线膨胀系数小于轮盘材料时,将会导致转子应力增加。由图 4-53 可知,热态下,端面弧齿齿根处平均应力将增加 100MPa 左右,结合图 6-8 可知,叶片断裂时齿根最大应力将达到 850MPa 左右,接近强度极限(由表 4-1 可知,常温下轮盘材料的强度极限为 950MPa,500℃时为 890MPa,插值得到 300℃时为 925MPa),极易引起端面弧齿的破坏,因此,叶片发生断裂时要迅速停机,以确保转子的安全。

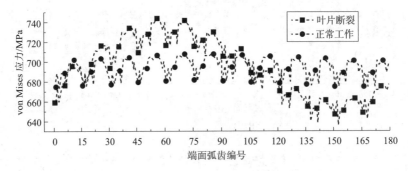

图 6-8   透平第 4 级某一叶片失谐时与正常工作时各端面弧齿齿根应力对比

叶片失谐率与端面弧齿齿根最大应力关系见图 6-9。由图可见,二者呈非线性关系,其原因在于:叶片失谐时产生了不平衡质量,不平衡质量在离心力的作用下产生不平衡力,不平衡力导致转子不平衡响应增加;由于叶片为细长结构,径向不同位置产生的离心力大小不同。因此叶片不同程度失谐时,叶片质量的减少首先发生在外径处,而外径处相同质量产生的不平衡力大于内径处,所以随着失谐率的增加,端面弧齿应力增加程度变小。

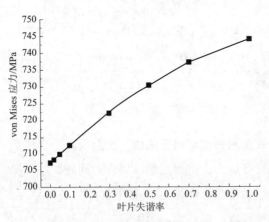

图 6-9   叶片失谐率与齿根最大应力关系

叶片失谐时由于转子响应幅值增加,导致转子动态弯曲力很大,相比而言,由于叶片失谐产生的附加径向力引起的动应力并不明显。图 6-10 是考虑叶片失谐附加径向不平衡力与不考虑该力时端面弧齿齿面平均应力对比(承扭侧应力),由图可见二者差别不大。因此,与叶片失谐所产生的动态弯曲力相比,叶片失谐不平衡质量引起的径向载荷可忽略不计。

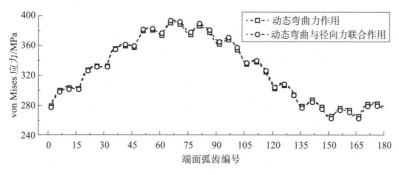

图6-10 叶片失谐时端面弧齿动应力对比

图6-11是叶片失谐时端面弧齿接触对1~4应力对比,每个接触对的应力变化规律与图6-10所反映的规律相同,从接触对1到接触对4应力的变化规律与图5-36(d)略有差别,主要反映在受拉侧。受压侧由于应力继续增加,先前应力较大的接触对应力依然较大,反之亦然。而受拉侧由于应力减小,拉杆受到拉伸,将会对应力重新分配,因此,各接触对不再保持原来分布规律,而是基本相同。

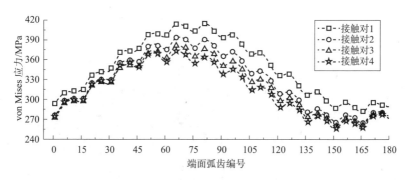

图6-11 叶片失谐时端面弧齿接触对1~4应力对比

6.3 拉杆失谐时端面弧齿转子等效抗弯刚度计算模型

当一根或几根拉杆的预紧程度与其他拉杆不同时称为失谐,拉杆失谐包括正失谐和负失谐，失谐拉杆的预紧力大于其他拉杆称为正失谐，小于其他拉杆称为负失谐。5.2.1 节提出了拉杆转子的动力学模型并通过现场实测数据进行了验证。本节在此基础上提出拉杆失谐时转子等效抗弯刚度模型。当一根拉杆存在预紧失谐时，会使转子刚度产生各向异性，并且由于转子转动，该各向异性存在时变性。假设初始时失谐拉杆位于 0° 位置，在转子中该拉杆编号为 n（图 6 - 12），当转子旋转时，无失谐拉杆和失谐拉杆的位置也发生相应变化，无失谐的 $n - 1$ 根拉杆的计算方法与 5.2.1 节基本相同，但要考虑旋转角度产生的各向异性，因此，式(6 - 2) ~ 式(6 - 5)中 sin 或 cos 后面的括号中需加上 ωt，仍然只有拉应力增加的拉杆对转子抗弯产生贡献，所以有 $\sigma_{ri} \geq 0$ 的限制条件。而对于失谐拉杆，由于失谐使拉杆的预紧力与其他拉杆不同，正失谐时预紧力大于其他拉杆，负失谐时预紧力小于其他拉杆，计算失谐的第 n 根拉杆时要考虑失谐的影响系数，即公式中 $(1 \pm \eta)$ 项，η 为失谐率，失谐率的定义可表示为公式(6 - 1)，失谐拉杆预紧力大于其他拉杆时为正失谐，η 为正值，小于其他拉杆时为负失谐，η 为负值。

$$\eta = \frac{\overline{P} - P}{P} \tag{6 - 1}$$

式中　P——无失谐拉杆预紧力；

　　　$\overline{P}$——失谐拉杆预紧力；

失谐率的取值范围为 $-1 \sim 1$。

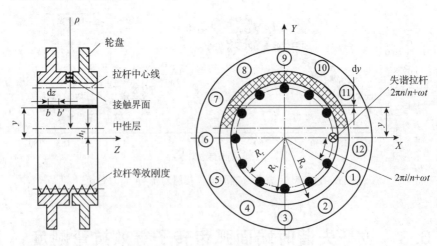

图 6 - 12　一根拉杆失谐时转子力学模型

由于转子转动，失谐拉杆位置发生相应变化，失谐拉杆转到受压侧时，拉杆拉应力减小，该拉杆对转子抗弯无贡献，转子等效抗弯刚度与无失谐时相同，而失谐拉杆转到受拉侧时，失谐拉杆拉应力增加，对转子抗弯产生贡献，需考虑失谐拉杆的影响，转子等效抗弯刚度与无失谐时相比有所改变，该现象与裂纹转子的开闭效应类似，在开闭裂纹转子中同样是裂纹转到受压侧时对转子刚度无影响，而转到受拉侧时将会削弱转子刚度。

结合 5.2.1 节的方法，拉杆失谐时等效抗弯刚度的计算方法如下：

1. 计算 X 向"中性层"

$$\int_A \left[E_w(x - h_l)/\rho \right] \mathrm{d}A = \begin{cases} \displaystyle\sum_{i=1(\sigma_{ri} \geqslant 0)}^{n-1} E_r A_r d_{x1}/\rho + E_r A_r (1 \pm \eta) d_{x2}/\rho & (d_{x2} \geqslant 0) \\ \displaystyle\sum_{i=1(\sigma_{ri} \geqslant 0)}^{n-1} E_r A_r d_{x1}/\rho & (d_{x2} < 0) \end{cases}$$

$$(6-2)$$

在公式(6-2)中：

$d_{x1} = R_r \cos(2\pi i/n + \omega t) + h_l$；

$d_{x2} = R_r \cos(2\pi n/n + \omega t) + h_l$。

根据公式(6-2)可以确定"中性层"h_l的位置。

2. 计算 X 向等效抗弯刚度

$$EI = \begin{cases} \displaystyle\iint_A \left[E_w(x - h_l)^2 \right] \mathrm{d}A + \sum_{i=1(\sigma_{ri} \geqslant 0)}^{n-1} E_r A_r d_{x1}{}^2 + E_r A_r (1 \pm \eta) d_{x2}^2 & (d_{x2} \geqslant 0) \\ \displaystyle\int_A \left[E_w(x - h_l)^2 \right] \mathrm{d}A + \sum_{i=1(\sigma_{ri} \geqslant 0)}^{n-1} E_r A_r d_{x1}^2 & (d_{x2} < 0) \end{cases}$$

$$(6-3)$$

3. 计算 Y 向"中性层"

$$\int_A \left[E_w(y - h_l)/\rho \right] \mathrm{d}A = \begin{cases} \displaystyle\sum_{i=1(\sigma_{ri} \geqslant 0)}^{n-1} E_r A_r d_{y1}/\rho + E_r A_r (1 \pm \eta) d_{y2}/\rho & (d_{y2} \geqslant 0) \\ \displaystyle\sum_{i=1(\sigma_{ri} \geqslant 0)}^{n-1} E_r A_r d_{y1}/\rho & (d_{y2} < 0) \end{cases}$$

$$(6-4)$$

在公式(6-4)中：

$$d_{y1} = R_r \sin(2\pi i/n + \omega t) + h_l;$$

$$d_{y2} = R_r \sin(2\pi n/n + \omega t) + h_l。$$

4. 计算 Y 向等效抗弯刚度

$$EI = \begin{cases} \int\limits_A [E_w (y - h_l)^2] dA + \sum\limits_{i=1(\sigma_{ri}\geqslant 0)}^{n-1} E_r A_r d_{y1}^2 + E_r A_r (1 \pm \eta) d_{y2}^2 & (d_{y2} \geqslant 0) \\[4mm] \int\limits_A [E_w (y - h_l)^2] dA + \sum\limits_{i=1(\sigma_{ri}\geqslant 0)}^{n-1} E_r A_r d_{y1}^2 & (d_{y2} < 0) \end{cases}$$

$$(6-5)$$

式中，η 为失谐率；其余参数与公式(5-1)～公式(5-8)同。因 5.2.1 提出的方法已用现场数据进行了验证，本节提出的失谐刚度计算方法只是在其基础上分离出失谐拉杆，考虑其各向异性进行转子 X 向和 Y 向等效抗弯刚度的计算，与 5.2.1 的力学原理相同，因此公式(6-2)～公式(6-5)无须进行验证。

以上讨论的是一根拉杆失谐时的情况，多根拉杆失谐时，只需从公式(6-2)～公式(6-5)的无失谐项中去掉失谐拉杆加在失谐项中即可，可以写成公式(6-6)～公式(6-9)的形式。

$$\int\limits_A [E_w (x - h_l)/\rho] dA = \sum\limits_{i(\sigma_{ri}\geqslant 0)} E_r A_r d_{x1}/\rho + \sum\limits_{j(\sigma_{ri}\geqslant 0)} E_r A_r (1 \pm \eta_j) d_{x2}/\rho$$

$$(6-6)$$

$$EI = \int\limits_A [E_w (x - h_l)^2] dA + \sum\limits_{i(\sigma_{ri}\geqslant 0)} E_r A_r d_{x1}^2 + \sum\limits_{j(\sigma_{ri}\geqslant 0)} E_r A_r (1 \pm \eta_j) d_{x2}^2 \quad (6-7)$$

$$\int\limits_A [E_w (y - h_l)/\rho] dA = \sum\limits_{i(\sigma_{ri}\geqslant 0)} E_r A_r d_{y1}/\rho + \sum\limits_{j(\sigma_{ri}\geqslant 0)} E_r A_r (1 \pm \eta_j) d_{y2}/\rho$$

$$(6-8)$$

$$EI = \int\limits_A [E_w (y - h_l)^2] dA + \sum\limits_{i(\sigma_{ri}\geqslant 0)} E_r A_r d_{y1}^2 + \sum\limits_{j(\sigma_{ri}\geqslant 0)} E_r A_r (1 \pm \eta_j) d_{y2}^2 \quad (6-9)$$

其中：

$d_{x1} = R_r \cos(2\pi i/n + \omega t) + h_l(i$ 为无失谐拉杆号)；

$d_{x2} = R_r \cos(2\pi j/n + \omega t) + h_l(j$ 为失谐拉杆号)；

$d_{y1} = R_r \sin(2\pi i/n + \omega t) + h_l(i$ 为无失谐拉杆号)；

$d_{y2} = R_r \sin(2\pi j/n + \omega t) + h_l(j$ 为失谐拉杆号)。

6.4 拉杆失谐对转子动力学特性及端面弧齿应力分布的影响

6.4.1 拉杆失谐时转子的动态响应

拉杆失谐时，必然会引起相应界面的接触刚度变化，从而影响转子的刚度，且刚度变化随转子的转动具有时变性。此类失谐不同于叶盘结构等弱耦合结构的失谐，在弱耦合结构中，叶片失谐会破坏转子的周期对称性，使得振动能量无法传递出去，导致叶片局部振动过大而产生应力局部化现象，应力局部化极易引起叶片破坏。拉杆结构属于强耦合结构，与弱耦合结构不同，拉杆失谐不会引起应力局部化现象，拉杆失谐对转子的影响类似裂纹转子产生的刚度各向异性。

拉杆预紧失谐会对转子的动力学特性造成一定影响。本章研究中，假定有一根拉杆发生失谐，多根拉杆失谐问题属于第7章将要研究的预紧方式问题。由于轴承刚度和阻尼的各向异性，不同位置拉杆失谐所产生的转子刚度矩阵和阻尼矩阵也不相同。假定失谐拉杆分别位于图5–13中0°和90°位置，分别对两位置拉杆正失谐30%、负失谐30%与无失谐时进行了计算。以上情况下转子透平第1级轮盘的轴心轨迹对比见图6–13，负失谐相当于减小了该方向的刚度，使转子响应幅值加大，而正失谐则相当于增加了该方向的刚度，使转子响应幅值减小。与轴承的刚度叠加时，二者对轴心轨迹的影响相反，例如，处于0°位置拉杆负失谐使转子椭圆程度增加，正失谐使转子椭圆程度减小，而处于90°位置拉杆失谐则相反。因此可以得出，正失谐拉杆位于轴心轨迹椭圆长轴位置，负失谐拉杆位于椭圆短轴位置时可以减小转子各向异性，增加转子稳定性。拉杆失谐的最不利工况为负失谐拉杆位于轴心轨迹椭圆长轴位置，此时转子动态响应幅值和轴心轨迹椭圆程度都达到最大。从整体上说，正失谐从一定程度上降低了转子动态响应，但正失谐有可能使个别拉杆应力过高而导致破坏。因此对转子的预紧方案是，最好做到均匀预紧，尽量不产生负失谐，若产生正失谐应严格控制其预紧力大小。

由图6–13可知，失谐拉杆处于不同位置时转子轴心轨迹的椭圆程度不同，通过计算，失谐拉杆处于30°(210°)时转子轴心轨迹椭圆程度最大，属于最不利工况，并且进一步计算发现，0°位置与30°位置拉杆失谐所产生的动态响应相差很小，为与坐标轴对应，研究失谐拉杆处于0°时端面弧齿应力分布情况。图6－14是处于0°位置拉杆不同程度失谐时透平1级轮盘轴心轨迹，可以看出随着拉杆失谐率的增加，转子轴心轨迹的椭圆程度逐渐加大，该现象由失谐所导致的刚度各向异性引起。而椭圆程度加大意味着转子的稳定性变差，并且由于椭圆长轴和短轴之比变大，也导致端面弧齿应力交变幅值的增加。当拉杆失谐与叶片失谐同时出现时，将会产生较大的交变应力，使端面弧齿产生疲劳损伤。

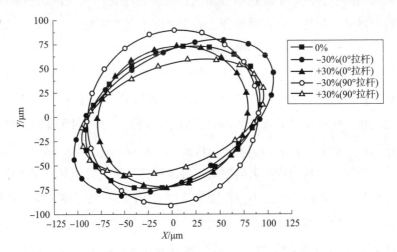

图6－13　拉杆不同失谐模式下透平1级轮盘轴心轨迹

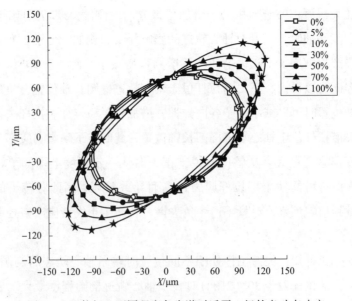

图6－14　拉杆1不同程度负失谐时透平1级轮盘动态响应

6.4.2　拉杆失谐对端面弧齿应力分布的影响规律

拉杆预紧失谐时，端面弧齿应力分布也较均匀预紧时有一定区别，这主要由两方面原因引起：首先，失谐改变了转子的预紧力，使得端面弧齿在预紧时的应力分布较均匀预紧转子有所不同；其次，工作过程中由于失谐转子动态响应引起动应力区别。图6–15是处于0°位置拉杆无失谐与正、负失谐30%条件下预紧后和工作过程中的应力对比，可以看出，预紧后正负失谐对端面弧齿的应力分布影响基本相反；而工作时随着转子各角度响应幅值的不同，与预紧力叠加时会产生不同的结果。轴承的刚度和阻尼特性决定了即使不失谐时转子的运动轨迹仍然是椭圆，而不是圆，对本课题研究的转子，转子的动态响应在30°(210°)方向最大，而150°(330°)方向最小(图5–11)，这也决定了图5–14和图6–7的应力分布。所以，当0°位置拉杆正失谐时，图6–15中0°位置拉杆应力最小的情况得到正失谐附加应力的补偿，反而使正失谐后端面弧齿应力分布更加平均，甚至优于无失谐转子，而负失谐则进一步加大了端面弧齿应力差。如果处于90°位置拉杆正失谐则会加大端面弧齿的应力差，处于90°位置拉杆负失谐虽然会从一定程度减小端面弧齿应力差，但负失谐使转子动态响应增大，同样会增加端面弧齿动应力。因此可以得出：当拉杆正失谐位置与最小轴承刚度位置重合时，可以促进端面弧齿应力分布更加均匀，但正失谐须有一定限度，否则会导致预紧力过大而损坏转子。

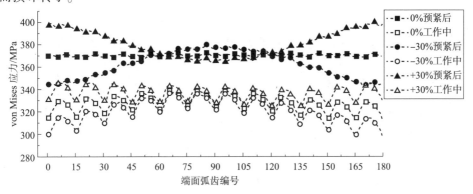

图6–15　零度位置拉杆正负失谐30%与无失谐端面弧齿承扭侧应力对比

以上讨论的是单根拉杆失谐情况，当两根拉杆失谐时，通过计算，如果失谐拉杆对称分布，则预紧时不会产生图6－15中实心圆点曲线和实心三角曲线的波动，而是类似于实心方块曲线的分布，但数值小于实心方块曲线。如果失谐拉杆非对称分布，则依然会产生波动。工作时与预紧力叠加会产生不同的应力分布，具体情况可根据失谐拉杆位置采用本书提出的方法进行计算。对于多根拉杆失谐的情况也可采用公式(6－6)～公式(6－9)计算。但严格来讲，多根拉杆失谐因为无法定义哪些为失谐拉杆，哪些为无失谐拉杆，所以，多根拉杆失谐属于弹性交互的研究范畴，其拉杆预紧力的分布与预紧方法有关，因此，本章不再具体讨论多根拉杆失谐问题。

图6－16(a)～(d)反映了拉杆不同程度负失谐时各工况下端面弧齿应力变化规律。此外，为方便对比，选择了两个典型位置端面弧齿进行各工况下应力对比分析，见图6－17，该图反映了拉杆不同程度负失谐时各工况下端面弧齿应力变化规律，其中工况1代表预紧完成后，工况2代表升速至3000r/min，工况3为

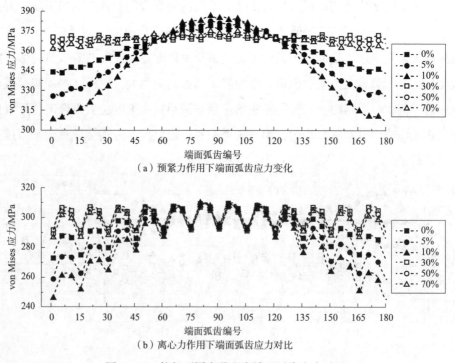

（a）预紧力作用下端面弧齿应力变化

（b）离心力作用下端面弧齿应力对比

图6－16　拉杆不同失谐程度端面弧齿应力对比

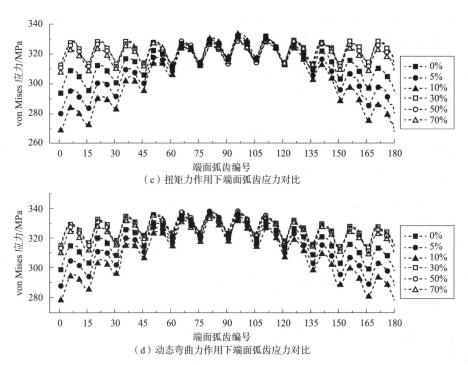

（c）扭矩力作用下端面弧齿应力对比

（d）动态弯曲力作用下端面弧齿应力对比

图 6-16　拉杆不同失谐程度端面弧齿应力对比(续)

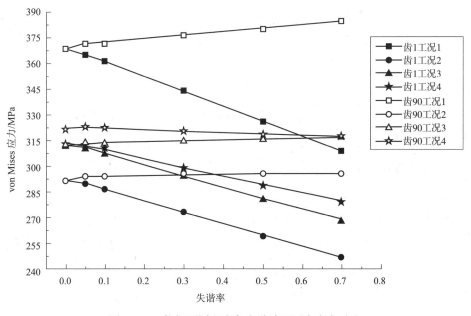

图 6-17　拉杆不同程度负失谐端面弧齿应力对比

扭矩作用工况，工况 4 为动态弯曲力作用工况。在图 6 – 17 中，齿 1 位于 0°位置，对应失谐拉杆位置，齿 90 位于 180°位置，为失谐拉杆对面位置。结合图 6 – 16 和图 6 – 17 研究了端面弧齿在拉杆失谐时的应力变化规律。

预紧过程中，由于失谐拉杆预紧力小于其他拉杆，失谐拉杆对轮盘的作用力也小，轮盘受到周向不均匀的压缩力时将产生转动，并且当拉杆预紧失谐较大时该转动十分明显，以至于除了失谐拉杆位置端面弧齿应力降低外，失谐拉杆对面端面弧齿应力会较均匀预紧时有所升高。因此齿 1 和齿 90 的应力变化趋势相反。从图 6 – 14 和图 6 – 16(a)可以看出，拉杆失谐率小于 10% 时，失谐对端面弧齿应力的影响较小，当失谐率超过 10% 时，将会产生较大影响。

离心力作用下，端面弧齿应力仍会出现应力局部化现象，产生拉杆位置的波谷和中间位置的波峰，同时由于拉杆失谐形成的应力波动也依然存在。但离心力的作用使得轮盘的径向产生正应变，轴向产生负应变，端面弧齿预紧力降低，拉杆预紧松弛，使得已有预紧力减小，当端面弧齿应力减小量达到一定程度时，失谐拉杆对面端面弧齿应力不再随失谐率变化，而是趋于相同。

扭矩力作用下，端面弧齿应力变化规律使承扭侧应力升高，非承扭侧应力降低，但应力的变化规律基本不变。叠加了转动时的动态弯曲力后，端面弧齿的应力分布将根据失谐拉杆的位置不同而有所差别。图 6 – 16(d)中动态弯曲力使得端面弧齿应力差变小，是因为失谐拉杆位于 0°位置，而根据轴承刚度和阻尼特性，该位置处于动态弯曲时的受压侧，因而端面弧齿应力增加，若失谐拉杆位于 180°位置，则处于动态弯曲时的受拉侧，端面弧齿应力将减小，则会进一步增大各端面弧齿应力差，增加转子刚度各向异性，对转子平稳运行产生更加不利影响，而正失谐情况则相反。

前面研究已经提到，转子运行时端面弧齿齿根应力增加很多，离心力作用下端面弧齿最大应力发生在齿根而非齿面，拉杆失谐时也不例外。图 6 – 18 是拉杆失谐程度与端面弧齿齿根最大应力关系，随着失谐量增加，端面弧齿齿根应力逐渐增加，但增加幅度不大，可见拉杆失谐主要影响转子的各向同性，使转子刚度发生变化，对转子强度不会造成太大影响。

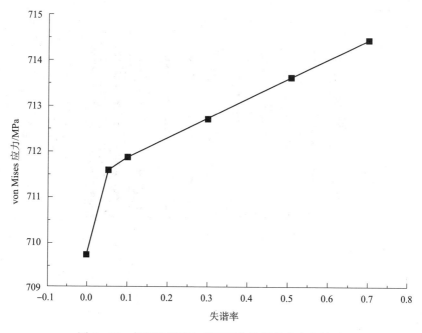

图 6 – 18　拉杆失谐率与端面弧齿齿根最大应力关系

　　一根拉杆发生负失谐时，因拉杆各处压缩轮盘不均匀而使轮盘发生转动，失谐拉杆对面由于预紧力较大，轮盘被压缩较多，而失谐拉杆附近，负失谐导致拉杆预紧力较小，轮盘被压缩较少，轮盘由于两侧拉杆应力不均而发生转动，失谐拉杆附近产生张力，对面产生压力，从而导致失谐拉杆附近(2 号、12 号)拉杆拉应力增加，失谐拉杆对面拉杆拉应力降低。因此，除失谐拉杆外，其他拉杆的应力也不均匀(图 6 – 19)。升速过程虽然由于泊松效应拉杆预紧力降低，但各拉杆的应力分布趋势并无改变，说明离心力的作用下，轮盘由于预紧不均匀产生的转动并未得到消除，而是一直保持。这有可能产生当拉杆失谐量达到一定程度时，在离心力的作用下，拉杆预紧力减小到 0 的情况，转子在运行中极易发生危险，因此预紧时需严格控制拉杆失谐量，杜绝此类情况发生。通过计算，拉杆预紧力为 600MPa 左右时，拉杆失谐超过 70% 将会导致离心力作用下失谐拉杆应力减小到 0。减小预紧力并不减小由于离心力引起的预紧松弛量，因此当预紧力较低时，少量的拉杆失谐即有可能产生运行时失谐拉杆应力为 0 情况。

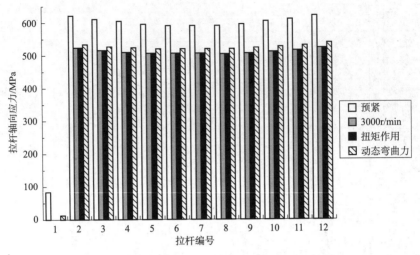

图6-19 一根拉杆失谐时各拉杆不同工况下应力分布

第7章 拉杆预紧方式和预紧程度对端面弧齿应力分布的影响

7.1 概述

预紧是拉杆转子装配过程中的重要步骤，拉杆预紧效果直接影响到转子的使用性能。由于周向拉杆转子中拉杆数目较多，难以一次紧定，而分别预紧难免造成各拉杆的预紧力不均匀。以往关于该问题的研究多是关心预紧不均匀引起的压力容器泄漏，属于静力学问题，本章在此基础上，讨论了端面弧齿转子的预紧方式问题，研究了预紧方式对端面弧齿应力分布和转子动力学特性的影响，提出了一种实现拉杆均匀预紧的方法。与材料内部的分子间作用力相比，接触界面间的作用力显然小于分子间作用力，成为转子的薄弱环节，接触界面的强度和刚度决定了转子的强度和刚度，而接触界面的强度和刚度主要取决于拉杆的预紧程度，预紧不足时不仅降低转子的刚度，还可能导致在离心力和扭矩力作用下接触界面脱开而产生微动磨损，过大的预紧力又有可能因应力超过强度极限或疲劳极限而引起转子损坏。同时接触界面的强度和刚度也会随转子的使用情况发生变化，因此需要了解接触界面每一时刻的动态应力和动态刚度及其变化趋势，以便对转子进行评估。本章研究了拉杆预紧程度对端面弧齿应力分布的影响，根据端面弧齿应力变化规律，探讨了拉杆预紧力的确定问题。

7.2 拉杆预紧方式对端面弧齿应力分布及动力学特性的影响

前几章的研究除失谐外均假设各拉杆预紧力相同，均匀预紧保证了端面弧齿受力均匀和转子的各向同性。然而由于预紧条件限制，各拉杆通常无法实现同时预紧，后面拉杆的预紧过程会改变已预紧拉杆的预紧力，这种现象被称为弹性交互作用(Elastic interaction)[91]。由于弹性交互的存在，如果不同时预紧所有拉杆，整个预紧过程中拉杆预紧力将不断变化，称某一拉杆预紧时施加的预紧力为"初始预紧力"，所有拉杆预紧完成后的最终预紧力为"剩余预紧力"，由于弹性交互作用，各拉杆的初始预紧力相同并不能保证剩余预紧力相同。因此，对周向拉杆转子的预紧过程进行研究，分析各预紧方式对端面弧齿应力分布的影响规律并实现拉杆均匀预紧有重要意义。

7.2.1　拉杆预紧方式对比

对于周向拉杆转子而言，为得到均匀预紧力，最好采用合适的预紧机构同时预紧所有拉杆，但当预紧力很大或拉杆数目较多时通常无法实现，只能分步预紧各拉杆，该过程会产生弹性交互作用。拉杆预紧方式包括顺序法和星形法。顺序法和星形法的预紧过程见图 7 - 1，其中圆圈内数字为预紧顺序，圈外数字为拉杆编号。通过有限元方法研究端面弧齿结构中弹性交互对结构刚度的影响问题，以及由拉杆预紧方式所导致的端面弧齿应力变化。无论是顺序预紧还是星形预紧，先预紧的拉杆其预紧力会在随后的预紧过程中发生变化。

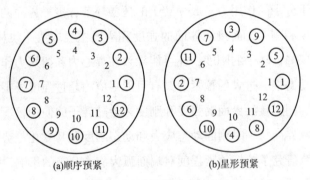

(a)顺序预紧　　　　　　　　　(b)星形预紧

图 7 - 1　拉杆逐个预紧模式

采用接触有限元法模拟拉杆的预紧过程，以研究预紧过程中拉杆预紧力和端面弧齿应力的变化规律。该方法已经在文献[96, 98]中采用，并与实验结果进行了对比，其可行性得到了证实。

本节采用 ANSYS 有限元软件，建立 12 根拉杆连接的端面弧齿转子模型(图 7 -2)，该模型为第 3 章所研究的重型燃气轮机转子的透平端，由于该部分研究只考虑预紧过程，不包括动应力的研究，为简化计算过程，可暂不考虑压气端的影响。但在 7.2.2 节的研究中，仍需考虑整体转子，采用图 5 – 12 所示的有限元计算模型。转子材料采用高温合金，其基本属性见表 4 – 1。预紧力通过在拉杆模型中插入 ANSYS 软件中的 Prets 179 单元施加，其他边界条件见图 7 – 2，其中拉杆的编号与图 7 – 1 相同。

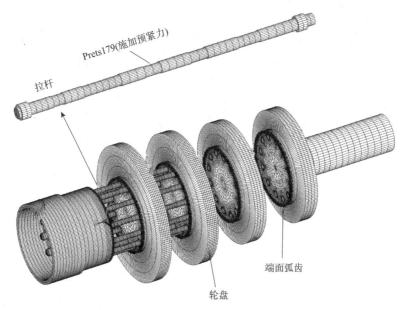

图 7 – 2　端面弧齿周向拉杆转子有限元模型

1. 逐个预紧过程中拉杆应力变化

预紧过程中最简单的方法是不采用任何机构，逐个预紧各拉杆，逐个预紧方法包括顺序预紧和星形预紧，对于图 7 – 2 所示转子，顺序预紧和星形预紧过程中 1 号拉杆在整个预紧过程中应力变化见图 7 – 3。无论是顺序预紧还是星形预紧，1 号拉杆的应力变化规律都是在预紧对面拉杆(6 号、7 号、8 号)时升高，而在预紧相邻拉杆(2 号、12 号)时降低。该现象说明轮盘在预紧过程中不仅被压缩，而且产生了转动，从而导致对面拉杆应力增加，由于轮盘被压缩产生的弹性交互作用，其应力的总体趋势是降低。对于 1 号拉杆，其剩余预紧力已由 597MPa 降至 469MPa(降幅为平均应力的 23.8%)，最终形成了图 7 – 5 中第 3、4 条曲线所示的应力分布。对比图 7 – 5 中第 3、4 条曲线可以看出，星形预紧所形成的 12 根拉杆剩余预紧力基本两两对称分布，优于顺序预紧形成的较大预紧力和较小预紧力相对集中的分布。拉杆逐个预紧的弹性交互可通过多程预紧(Multi-ple Tightening Pass)使之尽可能减小，多程预紧已在文献[98，134]中进行了讨论，但该过程大大增加了预紧时间和劳动强度。

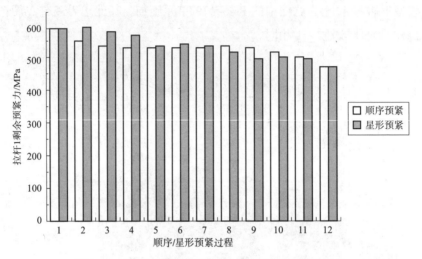

图 7-3 顺序预紧与星形预紧过程中拉杆 1 应力对比

2. 分组预紧过程中拉杆应力变化

拉杆逐个预紧所形成的最终预紧力不均匀程度很大，分布也很不理想，对于转子来说，极易产生各向异性，因此应尽量避免。在条件允许的情况下，应采用分组预紧方法，例如采用能够同时预紧多个拉杆的液压预紧机构。图 7-4 是将12 根拉杆分成 4 组的预紧过程示意图，分组后仍可分为顺序预紧和星形预紧。分组预紧和逐个预紧所形成的拉杆剩余预紧力对比见图 7-5。分组预紧后各拉杆的应力差略小于逐个预紧，最重要的是分组预紧使得每组拉杆应力相同，当组内拉杆数大于 3 时，可基本保证转子的各向同性。

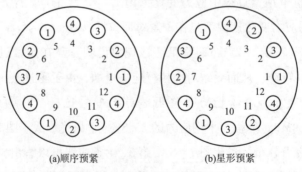

(a)顺序预紧   (b)星形预紧

图 7-4 拉杆分组预紧模式

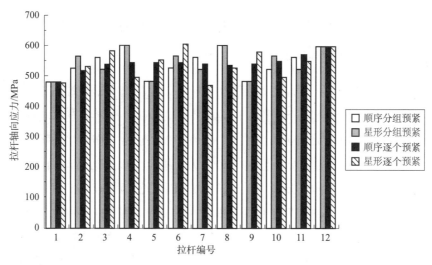

图 7 - 5 不同预紧方式下 12 根拉杆剩余预紧力对比

分组预紧过程中第 1 组拉杆的应力变化见图 7 - 6。由图 7 - 6 可以看出，在整个预紧过程中，该组拉杆的应力一直减小，没有出现图 7 - 3 所示的先增大后减小的现象，因此分组预紧时所产生的弹性交互作用与逐个预紧不同，没有轮盘的转动，只有预紧力进一步增加引起的轮盘压缩导致的弹性交互。分组预紧虽然抑制了轮盘的转动，不会产生过大的各向异性，但从图 7 - 5 可以看出，分组预紧后各拉杆的剩余预紧力之差仍然很大（为平均应力的 21.6%），若要减小弹性交互，仍需通过多程预紧实现。

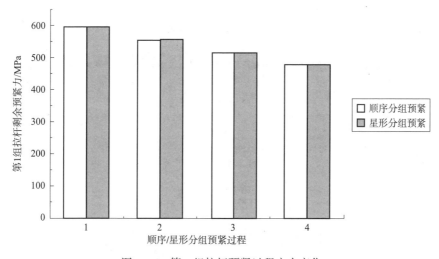

图 7 - 6 第一组拉杆预紧过程应力变化

7.2.2　拉杆预紧方式对端面弧齿应力分布及转子动力学特性的影响

由于预紧过程中各拉杆应力不断发生变化，该变化也会影响端面弧齿的应力分布。图7-7是均匀预紧、顺序逐个预紧以及星形逐个预紧状态下端面弧齿应力对比，包括预紧完成后端面弧齿的应力状态，以及正常工作时端面弧齿的应力状态(正常工作时考虑的工况条件包括离心力、扭矩力以及动态弯曲力)。由于弹性交互导致绝大多数拉杆预紧力低于预定的预紧力，因此顺序预紧和星形预紧时端面弧齿齿面的平均应力低于均匀预紧时的齿面平均应力。从图7-5可以看出，星形预紧后虽然12根拉杆应力不同，但基本为两两对称分布，这种分布保证了拉杆在预紧时能够对称地压缩轮盘，而不使轮盘发生转动，因此端面弧齿应力没有出现因轮盘转动而导致的波动。但顺序预紧方式使得剩余预紧力高的拉杆和剩余预紧力低的拉杆较为集中，因此导致轮盘某一侧的预紧力较低，另一侧较高，轮盘产生一定的转动，使得轮盘各处压缩量不同，从而导致端面弧齿应力产生波动。工作状态下，由于顺序预紧和星形预紧时转子的动态响应幅值增加(图7-8)，再加上顺序预紧时预紧力不均匀带来的应力波动，使得工作时端面弧齿应力不均匀性进一步增加，对转子的平稳运行产生不利影响，因此预紧时应尽量做到均匀预紧，确实无法做到时应首先考虑分组预紧，采用逐个预紧方案时应采取星形预紧而不是顺序预紧。

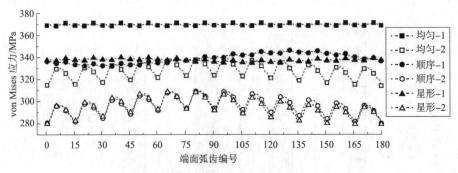

图7-7　端面弧齿应力对比
(1表示预紧状态；2表示工作状态)

各拉杆预紧不均匀会破坏转子的周期性，产生刚度各向异性。并且弹性交互的结果通常使拉杆预紧力降低，同时也降低了拉杆转子的等效抗弯刚度。为研究弹性交互对转子动力学特性的影响，采用有限元法对端面弧齿转子进行动力学分析，其转子结构和建模方法与 5.3.1 节相同，受到弹性交互作用的影响会导致转子刚度改变，因此公式(5-24)中的[K]矩阵需根据本章的拉杆预紧数据进行计算。一般而言，当转子转速高于一阶临界转速时，转子的运动轨迹是一空间曲线，但对于转子上的某一位置，其运动轨迹在不失稳的情况下是椭圆，空间曲线意味着转子各处的相位不同。图 7-8 是各种预紧方式下转子透平 1 级轮盘的轴心轨迹。可以看出，几种预紧方式下轮盘轴心轨迹基本相同，根据 7.2.1 节的研究结果，逐个预紧和分组预紧过程中拉杆剩余预紧力只在分布上有区别，但平均预紧力相差不大，由此可知，转子动态响应与拉杆平均预紧力有关，平均预紧力相同时，响应基本相同。从图 7-8 可以看出，后四种预紧方式由于弹性交互的影响，轮盘的轴心轨迹与均匀预紧方式相比明显增加。

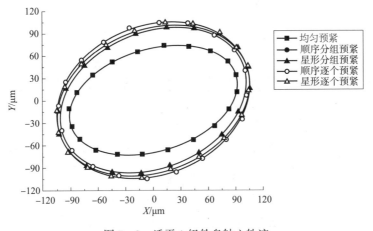

图 7-8　透平 1 级轮盘轴心轨迹

　　尽管从图 7-8 中发现，除均匀预紧外四种预紧方式似乎差别不大，然而进一步的分析表明四种预紧方式下转子在刚度上仍存在一定区别。四种预紧方式下转子旋转一周时等效抗弯刚度的变化见图 7-9，刚度的数值越集中表示转子旋转过程中刚度的变化越小，越接近 45°的位置表示 X 向和 Y 向刚度的差别越小，即各向异性的程度越小。通过对比几种预紧方式下转子等效抗弯刚度发现，分组预紧时转子抗弯刚度的集中程度优于逐个预紧，并且无论是分组预紧还是逐个预紧，星形预紧方式优于顺序预紧方式。

　　在线性范围内，这种刚度上的差别表现不明显，轴心轨迹形状基本相同，而一旦转速过高，转子的运动发展为非线性时，刚度的差别将会体现出来，刚度离散程度大、偏离45°位置时转子将首先发生失稳。

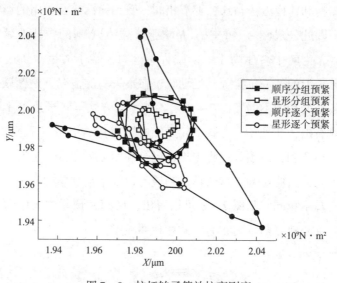

图7-9　拉杆转子等效抗弯刚度

7.3　一种改进的均匀预紧方法

从以上研究可以看出，对于无垫圈结构的拉杆转子，弹性交互主要是由于后面拉杆预紧时进一步压缩轮盘，致使拉杆松弛，从而降低了已预紧拉杆的预紧力。设想预紧前面拉杆时把预紧力将要减小的部分考虑进去，采用较大的预紧力，而这部分多余的预紧力可以抵消后来的预紧松弛，从而达到均匀预紧的目的。事实上已有研究人员这样考虑过，文献[100, 101]提出的影响系数法，文献[98]提出的倒序法都是基于这种考虑。但以上研究均从预紧力角度考虑，而由于弹性交互作用，预紧力很难计算，因此其系数的确定也比较困难。本章提出一种基于位移的均匀预紧方法，与现有方法相比，该方法操作简单，易于实现。

7.3.1　方法原理

本章提出的基于位移预紧方法的基本原理是保证每根拉杆的预紧长度相同，根据胡克定律，对于细长的拉杆，当伸长量一定时，其拉伸应力也一定。在预紧过程中，保证拉杆伸长量相同是指每根拉杆上螺母初始位置和螺母最终位置的相对位移相同，该方法的基本原理可以用图7-10说明。预紧开始前用手将所有螺母旋拧到轮盘未发生压缩的临界位置，记录此时的螺母位置及拉杆上的对应位置，即图7-10中的$B_1(N_1)$位置，B_1为拉杆上位置，N_1为螺母上位置。在预紧过程中，$B_1(N_1)$因螺母的移动和拉杆的伸长而不再重合，预紧结束后，由于拉杆伸长，B_1移动到B_1'，N_1随螺母运动到N_1'，拉杆与螺母的相对位移为$N_1'B_1'$，该距离包含了拉杆的伸长和轮盘的缩短，见图7-10。

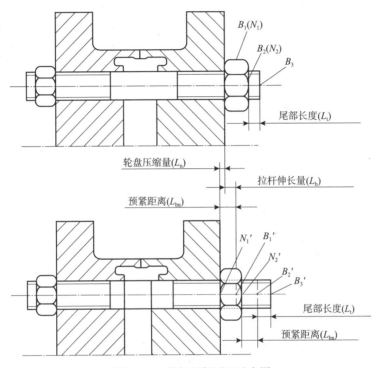

图7-10　均匀预紧原理示意图

预紧第1根拉杆时，轮盘压缩较少，而总体的预紧长度包括拉杆的伸长和轮盘的缩短，当轮盘压缩量少时，拉杆伸长量大，所以第1根拉杆初始预紧力较大；而预紧第2根拉杆时，螺母首先不需压缩轮盘而移动第1根拉杆压缩轮盘的距离，然后压缩轮盘，同时拉伸第2根拉杆，由于第2根拉杆螺母移动的距离大于第1根拉杆，所以拉杆拉伸量小于第1根拉杆，初始预紧力也小于第1根拉杆，但此时第1根拉杆的预紧力会由于轮盘的进一步压缩而减小，由于两根拉杆螺母相对位移相同，轮盘压缩量相同，所以拉杆伸长也相同，也保证了其剩余预紧力相同。其他拉杆依此类推。通过前面的研究应该注意到，当预紧对面拉杆时，由于轮盘的转动，会使拉杆应力局部增加，但所有预紧完成后，轮盘不存在转动，各拉杆处轮盘压缩量相同，因此拉杆伸长量也相同，从而实现均匀预紧。

端面弧齿结构与强度

在整个预紧过程中，12 根拉杆的应力变化列于表 7-1（本例采用的是分组顺序预紧，其他预紧方式也同样达到效果）。预紧过程中，保证所有拉杆的 $N_1'B_1'$ 相同，便可得到均匀的预紧力。

表 7-1　等伸长量预紧过程中拉杆应力变化　　　　　　MPa

编号 \ 顺序	预紧第 1 组	预紧第 2 组	预紧第 3 组	预紧第 4 组
1	722.32	674.19	635.08	597.57
2	0	674.15	631.75	597.53
3	0	0	635.01	597.51
4	0	0	0	597.49
5	722.32	674.19	635.08	597.57
6	0	674.15	631.75	597.53
7	0	0	635.01	597.51
8	0	0	0	597.49
9	722.32	674.19	635.08	597.57
10	0	674.15	631.75	597.53
11	0	0	635.01	597.51
12	0	0	0	597.49

7.3.2　预紧方法的实施过程

从力的角度考虑的预紧方式之所以无法达到均匀预紧是因为预紧力主要反映了拉杆拉伸的部分，即图 7-10 中 B_1B_1' 的距离，该距离会由于轮盘的进一步压缩而改变，所以无法得到均匀预紧力。本章提出的均匀预紧方法产生的效果与文献[98]提出的倒序法有些类似，但本方法是基于位移而不是力。为得到均匀预紧力，每个拉杆所加的初始预紧力的大小无法事先预知，文献[98]采用同时预紧后再通过依次松掉拉杆来确定预紧力，而拉杆逐个预紧的前提是由于条件所限无法实现同时预紧。本章提出的方法省去了确定每根拉杆预紧力的过程，只需预紧时每个拉杆和螺母的相对位移量相同，同时也间接避开了文献[91]提出的按扭矩测量预紧力时摩擦对预紧力的影响。

实际操作中，为测量拉杆和螺母的位置和位移，需要安装传感器，而 B_1' 的位置往往处于螺纹啮合处，无法安装传感器，因此采用螺母外侧位置 $B_2(N_2)$ 代

替内侧位置 $B_1(N_1)$，二者只相差一螺母厚度，其测量拉杆和螺母的相对位置所产生的效果相同。但该位置仍有螺纹存在，并且初始时 B_2 点与 N_2 点重合，仍然不便测量，为进一步方便测量，可以测量拉杆端部与螺母外侧的相对距离，该方法需要采用两步测量，预紧前（初始位置，螺母旋拧到轮盘刚好没有产生压缩位置）和预紧后分别测量拉杆端部与螺母外侧距离。由图 7-10 可知，预紧开始位置拉杆端部与螺母的距离为 L_t，而该段拉杆处于螺母外侧，属于自由段，不会受到预紧力，因而在预紧过程中保持不变，故预紧后拉杆端部与螺母的距离为 $L_{bn} + L_t$，L_{bn} 为预紧长度。经过如此等效后，预紧前后所要测量的距离均为两平面间的距离，方便了测量。

7.3.3　实验验证

为验证本章提出的均匀预紧方法，采用图 7-11 所示的实验台进行测试。在实验台中，设计了一对带有端面弧齿的轮盘，两轮盘通过 6 根周向拉杆连接在一起，具体结构见图 7-12(a)，每根拉杆上贴有应变片（图 7-13），应变信号通过轴上的过线孔传到应变仪，预紧过程中，每根拉杆的预紧力通过应变仪实时测量。

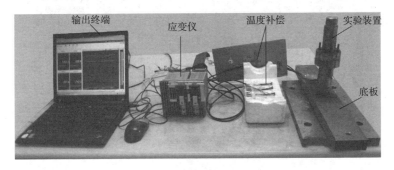

图 7-11　拉杆预紧实验台照片

因为要加工端面弧齿（轮盘上的端面弧齿见图 7-14），轮盘直径无法做到很小，因此导致轮盘刚度较大，预紧时轮盘压缩量较小，实验中预紧力受到材料限制，只能加到 150MPa 左右，否则容易损坏螺母。这将导致拉杆预紧长度受到限制，其数量级为 $10^{-2} \sim 10^{-1}$ mm，需要长度测量仪器精度至少达到 0.001mm，实验中采用的是精度为 0.001mm 的千分尺进行测量。但所测对象为同向两表面间距离，千分尺无法测量，因此首先采用游标卡尺测深杆测量该距离[图 7-12(b)]，考虑到游标卡尺精度为 0.02mm，无法精确反映拉杆预紧长度，故采用精度为 0.001mm 的千分尺测量游标卡尺的外测量爪[图7-12(c)]，得到螺母的相对位移量。

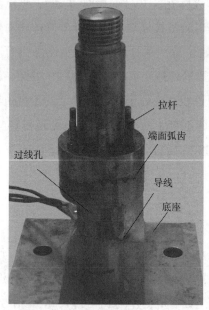

(a)测量装置　　　　　　　　(b)卡尺测量

(c)千分尺测量

图7-12　拉杆预紧力测量方法

应变片

图7-13　拉杆上的应变片

图7-14 端面弧齿结构

实验过程首先测量拉杆总长，然后测量拉杆端部与轮盘的距离，即图7-12(b)所示的距离，测量时取三个位置的平均值，总长减去该距离即为预紧前拉杆有效长度，预紧前要保证各拉杆的有效长度相同。随着预紧过程螺母的运动，拉杆端部与轮盘的距离也发生变化，在预紧过程中随时测量该距离，并计算与预紧前该距离之差，当差值达到预定值时停止预紧，重复该过程，直到预紧完所有拉杆。

实验中分别测试了星形预紧过程和顺序预紧过程的应变和拉杆与螺母的相对位移，星形预紧的结果列于表7-2和表7-3，顺序预紧的测试结果列于表7-4和表7-5。从表7-2~表7-5可以看出，采用本章提出的方法，基本实现了均匀预紧。

表7-2 星形预紧拉杆预紧测试数据   mm

拉杆编号	拉杆长度	原始距离	平均值	预紧后距离	平均值	相对距离
拉杆1	69.162	17.455	17.479	17.585	17.627	0.148
		17.479		17.603		
		17.504		17.592		
拉杆2	69.115	17.450	17.432	17.575	17.583	0.151
		17.428		17.552		
		17.419		17.622		
拉杆3	69.120	17.440	17.437	17.518	17.585	0.148
		17.458		17.572		
		17.413		17.665		

拉杆编号	拉杆长度	原始距离	平均值	预紧后距离	平均值	相对距离
拉杆4	69.141	17.450	17.446	17.539	17.591	0.145
		17.449		17.532		
		17.462		17.702		
拉杆5	69.147	17.450	17.464	17.611	17.610	0.146
		17.443		17.588		
		17.498		17.632		
拉杆6	69.187	17.512	17.504	17.689	17.659	0.155
		17.513		17.665		
		17.486		17.623		

表7-3 星形预紧拉杆应变实时监测值

拉杆编号	各拉杆剩余微应变					
	预紧拉杆1	预紧拉杆2	预紧拉杆3	预紧拉杆4	预紧拉杆5	预紧拉杆6
拉杆1	805	816	779	782	782	721
拉杆2	5	15	794	795	762	735
拉杆3	11	22	0	0	721	721
拉杆4	8	799	798	766	735	706
拉杆5	14	6	0	771	771	711
拉杆6	15	21	0	0	0	742

表7-4 顺序预紧拉杆预紧测试数据   mm

拉杆编号	拉杆长度	原始距离	平均值	预紧后距离	平均值	相对距离
拉杆1	69.162	17.487	17.481	17.605	17.622	0.140
		17.459		17.632		
		17.498		17.628		
拉杆2	69.115	17.452	17.433	17.575	17.578	0.145
		17.445		17.568		
		17.403		17.592		
拉杆3	69.120	17.47	17.442	17.533	17.589	0.147
		17.432		17.58		
		17.424		17.653		

拉杆编号	拉杆长度	原始距离	平均值	预紧后距离	平均值	相对距离
拉杆4	69.141	17.445 17.439 17.464	17.449	17.548 17.523 17.698	17.590	0.140
拉杆5	69.147	17.448 17.472 17.485	17.468	17.623 17.578 17.632	17.611	0.143
拉杆6	69.187	17.521 17.523 17.492	17.512	17.678 17.665 17.625	17.656	0.144

表7-5 顺序预紧拉杆应变实时监测值

拉杆编号	各拉杆剩余微应变					
	预紧拉杆1	预紧拉杆2	预紧拉杆3	预紧拉杆4	预紧拉杆5	预紧拉杆6
拉杆1	761	755	736	713	710	677
拉杆2	20	781	739	708	702	701
拉杆3	12	4	763	712	695	710
拉杆4	22	15	6	713	698	677
拉杆5	8	28	14	9	725	691
拉杆6	2	10	3	17	12	696

7.4 拉杆预紧程度对端面弧齿应力分布的影响

拉杆是燃气轮机转子的"骨骼",各级轮盘靠拉杆连接在一起。装配过程中通过施加预紧力使得接触界面产生抵抗松弛的能力,而拉杆的预紧程度和预紧方法直接影响到端面弧齿应力分布状态以及后续的使用过程中的应力分布。拉杆预紧力应足以抵抗由于离心力作用引起的应力松弛、工作时轴向气流造成的预紧松弛,以及由于弯曲所引起的接触面脱开。如前所述,可能引起端面弧齿应力分布改变的工况包括预紧、升温、升速、传扭、动态弯曲或发生故障,分析预紧程度对端面弧齿应力分布的影响时也要对使用过程各工况的影响程度进行综合分析,从而根据端面弧齿应力分布得到拉杆的合适预紧力。各工况对端面弧齿应力的影响归纳于表7-6。

表7-6　各工况对端面弧齿内圈应力的影响　　　　　MPa

工况＼影响	工况对端面弧齿应力影响	对透平端弧齿内圈影响	齿面最终应力
预紧过程	增加	201	201
升温过程	外圈增加，内圈基本不变	-5	196
升速过程	减少	-84	112
扭矩增加过程	承扭侧增加，非承扭侧减少	±26	86
气动力增加	减少	-48	38
动态弯曲	增加	+6~15	44
叶片断裂	受压侧增加，受拉侧减少	受压侧：+73，受拉侧：-52	接近0

　　为得到预紧程度对端面弧齿应力分布的影响，采用接触有限元模型计算端面弧齿在不同预紧力、冷态和热态，以及扭矩和轴向气动力影响下的应力分布情况，其中有限元计算采用图4-16所示的重型燃气轮机透平端模型，计算结果分别见图7-15~图7-19。

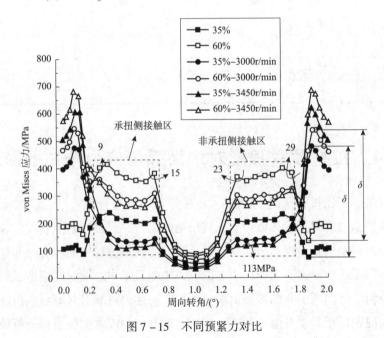

图7-15　不同预紧力对比

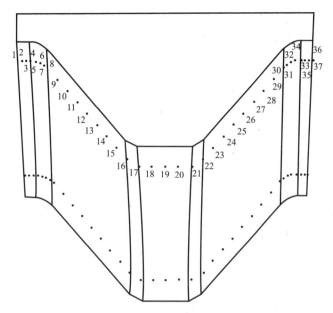

图 7 - 16　内、外圈节点在端面弧齿上的位置

　　计算了拉杆预紧力分别为屈服极限的 60% 和 35% 时端面弧齿应力分布情况，转速分别取 3000r/min 时的工作转速，以及超速 15% 时的转速（3450r/min）。图 7 - 15 为接触对 2 凹齿中一个端面弧齿上各点的应力分布，各节点位于内圈处，具体见图 7 - 16 中的下排节点。其中节点 9 ~ 15 和节点 23 ~ 29 分别为承扭侧和非承扭侧接触界面上节点。由于齿面应力随着转速增加而降低，齿根应力随转速增加而升高，预紧过程中，应使最小预紧力能够保证端面弧齿齿面的接触，最大预紧力能够保证齿根应力不超过许用应力。由图 7 - 15 可知，如果预紧后拉杆应力为屈服极限的 35%，升速到 3450r/min 时，端面弧齿最小应力为 112MPa 左右，考虑到表 7 - 6 的各种应力减小因素，当发生叶片断裂时，理论上，端面弧齿内圈应力已减小到 0，即使有薄壁部分的调节作用，内圈最小应力不会减小为 0，但过小的表面接触应力仍会导致转子刚度下降很多。由此可见，对于该燃气轮机转子，如果端面弧齿预紧力低于屈服极限的 35%，将不足以抵抗由于离心力及故障工况引起的应力松弛，其特点是相应位置的端面弧齿应力减至很低，在运行时由于应力发生交变，产生微动磨损。由于升速过程导致齿面应力降低的同时也使得齿根应力升高，在预紧过程中，值得关注的问题是减小预紧力在减小齿根应力中起何作用。从图 7 - 15 可以看到，预紧力减小时，齿根

处初始的周向应力也较小，升速后齿根的最大应力也会相应减少，但该减小是由预紧时初始应力差引起，离心力作用对齿根的应力增加不会因预紧力不同而改变，这会导致齿根应力与齿面应力之比进一步加大，因此，以减小预紧力来换取较低的齿根应力并不可取。在材料允许的前提下，应尽量增加预紧力，使得齿面应力不至于过低，并且承受扭矩时，端面弧齿两侧的应力差不至于过大。

拉杆与轮盘线膨胀系数不等时，在升温过程中，会产生一定的温度应力，预紧时要充分考虑温度应力的影响，预留出应力升高或降低的空间。由于轮盘的线膨胀系数大于拉杆线膨胀系数，轮盘受热变形大于拉杆，导致拉杆应力增加，而端面弧齿应力状态则十分复杂，拉杆应力增加使得端面弧齿平均应力也相应增加，但并不是接触界面各点均匀增加。采用图 4-16 所示的模型对端面弧齿在预紧力作用下冷态和热态情况时的应力分布进行了研究，图 7-17 是其中一个齿外圈和内圈处各节点应力对比，内、外圈节点位置见图 7-16。可以看出，端面弧齿应力的增加主要表现在外圈，内圈应力基本不变，或略有降低，这是由端面弧齿两侧的薄壁结构造成，薄壁结构削弱了端面弧齿内圈刚度，使得内圈应力得以释放，增加了外圈应力，不会造成外圈的脱开现象。因此，升温过程对端面弧齿内圈应力的影响是使之减小而非增大。设计时应尽可能使拉杆与轮盘线膨胀系数

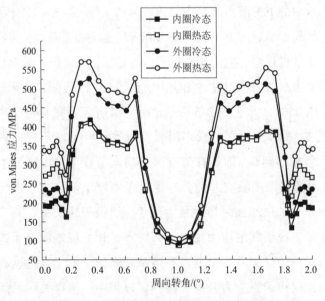

图 7-17　端面弧齿内外圈冷态与热态对比

相等或轮盘线膨胀系数大于拉杆线膨胀系数,否则工作时会引起拉杆预紧的松弛,而预紧时如果预留过多应力降低空间则需要施加很大预紧力,这也有可能导致转子预紧时应力超过许用应力而破坏。

扭矩的作用对端面弧齿内、外圈的影响规律相同,都是使承扭侧应力升高,非承扭侧应力降低,但内圈的改变量略小于外圈(图7-18)。端面弧齿转子工作过程中由于离心力的作用,齿面应力远小于齿根应力,考虑拉杆最小预紧力时应参考端面弧齿齿面最小应力,而最大预紧力则应参考齿根应力,因此扭矩力作用下,承扭侧齿根应力和非承扭侧齿面应力是需要考虑的因素。

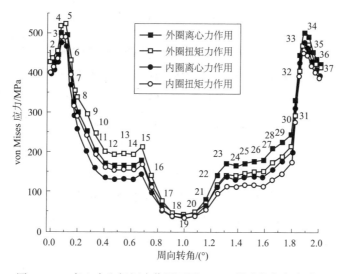

图7-18 离心力和扭矩力作用下图7-16所示节点应力对比

一般而言,端面弧齿转子大多使用在轴流式透平机械中,用于做功的气流沿轴向流动,由于叶片存在一定的气流角,轴向流动的膨胀气流会沿气流角推动叶片带动转子旋转,这样,在叶片上既作用有周向力使转子产生扭矩,也作用有轴向力,使拉杆伸长而预紧力进一步增加,并导致端面弧齿预紧松弛。图7-19反映了轴向气动力对端面弧齿和拉杆应力的影响,轴向气动力使拉杆应力增加的同时,由于拉杆的伸长,端面弧齿齿面应力会随之降低。气动力与离心力和温度载荷不同,离心力作用下端面弧齿和拉杆应力同时降低,温度载荷作用下,二者也是同时升高或降低,唯有气动力的作用使得拉杆应力升高,而端面弧齿应力降低,因此气动力是端面弧齿载荷中最为不利的因素,在确定拉杆预紧力时需考虑该部分影响。

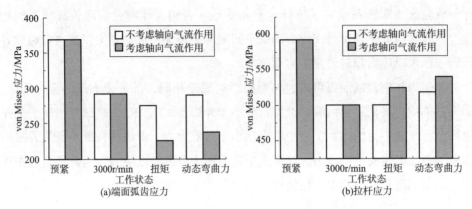

图 7 - 19　轴向气动力对端面弧齿应力影响

　　基于以上研究，端面弧齿工作过程中应力状况与初始预紧力关系密切，但不同预紧力下，其他工作过程中端面弧齿应力的改变量不变，例如拉杆预紧力为屈服极限的35%和65%时，离心力作用下，无论是齿根应力还是齿面应力，改变量均相同。这也给预紧力的计算带来了方便，如果首次确定的预紧力不合适，可根据图4-24得出的端面弧齿接触面处应力随预紧力线性增加的结论重新确定合适的预紧力。虽然图4-24得出了端面弧齿接触面处应力随预紧力线性增加的结论，但根据本节研究，接触面上不同位置应力的改变量有所不同，例如内圈节点和外圈节点处应力增加率可能不同，计算最小预紧力时应根据端面弧齿内圈应力，而计算最大预紧力时应根据端面弧齿外圈应力。

参考文献

［1］Pisani SR, Rencis JJ. Investigating curvic coupling behavior by utilizing two – and three – dimensional boundary and finite element methods［J］. Engineering Analysis with Boundary Elements, 2000, 24 (3): 271 – 275.

［2］Rencis JJ, Pisani SR. Using three – dimensional CURVIC (R) contact models to predict stress concentration effects in an axisymmetric model. In: Kassab A, Brebbia CA, Divo E, Poljak D, editors. Boundary Elements XXVII: Incorporating Electrical Engineering and Electromagnetics. Wit Press: Southampton, 2005: 245 – 254.

［3］Richardson IJ, Hyde TH, Becker AA, et al. A validation of the three – dimensional finite element contact method for use with curvic couplings［J］. Proceedings of the Institution of Mechanical Engineers Part G – Journal of Aerospace Engineering, 2002, 216 (G2): 63 – 75.

［4］Richardson IJ, Hyde TM, Becker AA, et al. A three – dimensional finite element investigation of the bolt stresses in an aero – engine curvic coupling under a blade release condition［J］. Proceedings of the Institution of Mechanical Engineers Part G – Journal of Aerospace Engineering, 2000, 214 (G4): 231 – 245.

［5］王秋允, 张红军. 端齿盘在高速转向架空心轴传动中的应用[J]. 内燃机车, 2006, (8).

［6］王秋允, 张红军. 端齿盘的载荷分布对其接触状态的影响[J]. 机车电传动, 2006, (2).

［7］黄庆南. QD128 燃机动力涡轮圆弧端齿的设计. 中国航空学会轻型燃气轮机专业第四次学术交流会议, 2005.

［8］刘笃喜, 刘威, 朱名铨. 基于 Pro/Mechanic 的鼓形齿端齿盘齿廓有限元分析[J]. 科学技术与工程, 2006, (10).

［9］Muju S, Sandoval RS. Curvic coupling fatigue life enhancement through unique compound root fillet design: U. S, Application,

［10］吴鸿雁. 端面弧齿盘 CAD 及加工误差的研究[D], 2007.

［11］Yuan SX, Zhang YY, Zhang YC, et al. Stress distribution and contact status analysis of a bolted rotor with curvic couplings［J］. Proceedings of the Institution of Mechanical Engineers Part C – Journal of Mechanical Engineering Science, 2010, 224 (C9): 1815 – 1829.

［12］Yuan SX, Zhang YY, Zhu YS. INFLUENCE OF THIN – WALL STRUCTURE ON STRESS DISTRIBUTION OF CURVIC COUPLINGS［J］. Journal of Theoretical and Applied Mechanics – Bulgaria, 2015, 45 (3): 37 – 52.

[13] 罗凯琳. 考虑微动损伤影响的圆弧端齿优化设计方法研究 [D]：南京航空航天大学，2017.

[14] 尹泽勇. 现代燃气轮机转子循环对称接触应力分析 [M]. 北京：国防工业出版社，1994.

[15] 尹泽勇，胡柏安，张祥林，等. 转子分区循环对称接触应力分析 [J]. 航空学报，1993，(2).

[16] Cavatorta MP, Paolino DS, Peroni L, et al. A finite element simulation and experimental validation of a composite bolted joint loaded in bending and torsion [C]. Joint 8th International Conference on Deformation and Fracture of Composites (DFC-8)/Experimental Techniques and Design in Composite Materials (ETDCM-7), Sheffield, ENGLAND, 2005：1251-1261. 10.1016/j. compositesa. 2006. 06. 010.

[17] Whalley R, A-Ameer A. The computation of torsional, dynamic stresses [J]. Proceedings of the Institution of Mechanical Engineers Part C-Journal of Mechanical Engineering Science, 2009, 223 (8)：1799-1814.

[18] Purcell TE. Dynamic stress analysis of gas turbine rotor airfoils using thermoelastic techniques [J]. Experimental Techniques, 1996, 20 (3)：9-13.

[19] 袁淑霞，张优云，朱永生. 重型燃气轮机端面弧齿动力学特性及动应力研究 [J]. 动力工程学报，2018, 38 (11)：895-901.

[20] Pedersen NL, Pedersen P. Stiffness analysis and improvement of bolt-plate contact assemblies [J]. Mechanics based design of structures and machines, 2008, 36 (1)：47-66.

[21] Ziada HH, Abdellatif AK. Determination of bolted joint stiffness from load and deformation analysis [J]. Mechanical Engineering, 1983, 105 (1)：80-81.

[22] Allen CT, Cost TL. Computation of bolted joint stiffness using strain energy [C]. Pressure Vessels and Piping Conference of the ASME, Denver, CO, 2005：123-134.

[23] Pedersen NL, Pedersen P. On prestress stiffness analysis of bolt-plate contact assemblies [J]. Archive of Applied Mechanics, 2008, 78 (2)：75-88.

[24] Bouzid AH, Galai H. A new approach to model bolted flange joints with full face gaskets [J]. Journal of Pressure Vessel Technology-Transactions of the Asme, 2011, 133 (2).

[25] Nassar SA, Matin PH. Cumulative clamp load loss due to a fully reversed cyclic service load acting on an initially yielded bolted joint system [C]. ASME Design Engineering Technical Conferences/Computers and Information in Engineering Conferences (DETC 2005), Long Beach, CA, 2005：421-433. 10. 1115/1. 2429700.

[26] Lehnhoff TF, Ko KI, McKay ML. Member stiffness and contact pressure distribution of bolted joints [J]. Journal Of Mechanical Design, 1994, 116 (2)：550-557.

[27]Lehnhoff TF, McKay ML, Bellora VA. Member stiffness and bolt spacing of bolted joints. Proceedings of the Symposium, ASME Winter Annual Meeting: Anaheim, CA; UNITED STATES, 1992: 63 – 72.

[28]Nassar SA, Abboud A. New formulation of bolted joint stiffness[C]. Pressure Vessels and Piping Conference of the ASME, Chicago, IL, 2008: 795 – 803.

[29]Burguete RL, Patterson EA. A photoelastic study of the effect on subsurface stresses of the contact geometry and friction[J]. Journal of Strain Analysis for Engineering Design, 1997, 32 (6): 425 – 433.

[30]闻邦椿, 顾家柳, 夏松波, 等. 高等转子动力学——理论、技术与应用[M]. 北京: 机械工业出版社, 2001.

[31]尹泽勇, 欧园霞, 李彦, 等. 轴向预紧端齿连接转子的动力特性分析[J]. 航空动力学报, 1994, (2).

[32]尹泽勇, 欧圆霞, 李彦, 等. 端齿轴段刚度及其对转子动力特性的影响[J]. 振动工程学报, 1993, (1).

[33]Ouyang H, Oldfield MJ, Mottershead JE. Experimental and theoretical studies of a bolted joint excited by a torsional dynamic load[J]. International Journal of Mechanical Sciences, 2006, 48 (12): 1447 – 1455.

[34]Fukuoka T, Takaki T. Simplified analysis of the tightening process of bolted joint with a bolt heater[C]. Pressure Vessels and Piping Conference of the ASME, Denver, CO, 2005: 37 – 43.

[35]Ahmadian H, Mottershead JE, Friswell MI. Identification of bolted – joint interface models[C]. International Conference on Noise and Vibration Engineering (ISMA2002), Leuven, BELGIUM, 2002: 1741 – 1747.

[36]Janssen MJ, Joyce JS. Part I: 35 – year old splined – disc rotor design for large gas turbines. Electricity Today, 1996.

[37]Janssen MJ, Joyce JS. Part II: 35 – year old splined – disc rotor design for large gas turbines. Electricity Today, 1996.

[38]Moore JJ, Lerche AH. Rotordynamic comparison of built – up versus solid rotor construction[J]. Proceedings of the ASME Turbo Expo 2009, Vol 6, Parts A and B, 2009: 779 – 784.

[39]饶柱石. 拉杆组合式特种转子力学特性及其接触刚度的研究[D]. 哈尔滨: 哈尔滨工业大学, 1992.

[40]汪光明, 饶柱石, 夏松波, 等. 拉杆转子力学模型的研究[J]. 航空学报, 1993, (8).

[41]Basava S, Hess DP. Bolted joint clamping force variation due to axial vibration[J]. Journal of Sound and Vibration, 1998, 210 (2): 255 – 265.

[42] Kwon YD, Kwon HW, Hwangbo JH, et al. Finite element modeling for static and dynamic analysis of structures with bolted joint[C]. 6th International Conference on Fracture and Strength of Solids, Bali, INDONESIA, 2005: 547-552.

[43] Yoo J, Hong SJ, Choi JS, et al. Design guide of bolt locations for bolted-joint plates considering dynamic characteristics[J]. Proceedings of the Institution of Mechanical Engineers Part C - Journal of Mechanical Engineering Science, 2009, 223 (2): 363-375.

[44] Hashimura S. A study of self-loosening and fatigue failure of bolted joint under transverse vibration - Influences of property class of bolt and plastic region tightening[C]. Asian Pacific Conference for Fracture and Strength (APCFS'06), Sanya, PEOPLES R CHINA, 2006: 2037-2040.

[45] Bannister RH. Methods for modelling flanged and curvic couplings for dynamic analysis of complex rotor constructions[J]. Journal of Mechanical Design - Transactions of the Asme, 1980, 102: 130-139.

[46] Archard JF. Elastic deformation and the laws of friction[J]. Proceedings of the Royal Society of London Series A, Mathematical and Physical Sciences, 1957, 243 (1233): 190-205.

[47] Greenwood JA, Williamson JBP. Contact of nominally flat surfaces[J]. Proceedings of the Royal Society of London Series A Mathematical and Physical Sciences, 1966, 295 (1442): 300-319.

[48] Whitehouse DJ, Archard JF. The properties of random surfaces of significance in their contact [J]. Proceedings of the Royal Society of London A Mathematical and Physical Sciences, 1970, 316 (1524): 97-121.

[49] Greenwood JA. Formulas for moderately elliptical hertzian contacts[J]. Journal of Tribology Technology - Transactions of the ASME, 1985, 107 (4): 501-504.

[50] Greenwood JA. Analysis of elliptical hertzian contacts[J]. Tribology International, 1997, 30 (3): 235-237.

[51] Greenwood JA. A simplified elliptic model of rough surface contact[J]. Wear, 2006, 261 (2): 191-200.

[52] Nayak PR. Random process model of rough surfaces[J]. Journal of Lubrication Technology, 1971, 93 (3): 398.

[53] Nayak PR. Random process model of rough surfaces in plastic contact[J]. Wear, 1973, 26 (3): 305-333.

[54] Nayak PR. Some aspects of surface-roughness measurement[J]. Wear, 1973, 26 (2): 165-174.

[55] Mandelbrot B. The fractal geometry of nature[M]. New York: W. H. FREEMAN, 1982.

[56] Majumdar A, Bhushan B. Role of fractal geometry in roughness characterization and contact mechanics of surfaces [J]. Journal of Tribology – Transactions of the Asme, 1990, 112 (2): 205 – 216.

[57] Majumdar A, Bhushan B. Fractal model of elastic – plastic contact between rough surfaces [J]. Journal of Tribology – Transactions of the Asme, 1991, 113 (1): 1 – 11.

[58] Majumdar A, Tien CL. Fractal characterization and simulation of rough surfaces [J]. Wear, 1990, 136 (2): 313 – 327.

[59] Greenwood JA, Wu JJ. Surface roughness and contact: An apology [J]. Meccanica, 2001, 36 (6): 617 – 630.

[60] Yu Y, Lee B, Cho Y. Analysis of Contact and Bending Stiffness for Curvic Couplings Considering Contact Angle and Surface Roughness [J]. Proceedings of the Institution of Mechanical Engineers, Part E: Journal of Process Mechanical Engineering, 2019, 233 (6).

[61] Liu H, Hong J, Ruan S, et al. A Model accounting for Stiffness Weakening of Curvic Couplings under Various Loading Conditions [J]. Mathematical Problems in Engineering, 2020, 2020.

[62] Yuan SX, Zhang YY, Zhu YS, et al. Study on the equivalent stiffness of heavy – duty gas turbines composite rotor with curvic couplings & spindle tie – bolts [M]. New York: Amer Soc Mechanical Engineers, 2012.

[63] Ganine V, Legrand M, Michalska H, et al. A sparse preconditioned iterative method for vibration analysis of geometrically mistuned bladed disks [J]. Computers & Structures, 2009, 87 (5 – 6): 342 – 354.

[64] Shahruz SM. Technique to eliminate vibration localization [J]. Review of Scientific Instruments, 2004, 75 (11): 4629 – 4635.

[65] Shahruz SM. Elimination of vibration localization in mistuned periodic structures [J]. Journal of Sound and Vibration, 2005, 281 (1 – 2): 452 – 462.

[66] Shahruz SM. Suppression of vibration localization in non – axisymmetric periodic structures [J]. Journal of Engineering Mathematics, 2008, 62 (1): 51 – 65.

[67] Yan YJ, Cui PL, Hao HN. Vibration mechanism of a mistuned bladed – disk [J]. Journal of Sound and Vibration, 2008, 317 (1 – 2): 294 – 307.

[68] Yoo HH, Kim JY, Inman DJ. Vibration localization of simplified mistuned cyclic structures undertaking external harmonic force [J]. Journal of Sound and Vibration, 2003, 261 (5): 859 – 870.

[69] 王建军, 李其汉. 航空发动机失谐叶盘振动减缩模型与应用 [M]. 北京: 国防工业出版社, 2009.

[70] 祝梦洁. 拉杆转子失谐状态下的动力学特性研究[D]. 上海应用技术大学, 2020.

[71] 袁淑霞, 张优云, 蒋翔俊, 等. 拉杆失谐模型及其对端面弧齿应力分布的影响[J]. 哈尔滨工业大学学报, 2013, 45 (5): 64 - 69.

[72] Chasalevris AC, Papadopoulos CA. A continuous model approach for cross – coupled bending vibrations of a rotor – bearing system with a transverse breathing crack[J]. Mechanism and Machine Theory, 2009, 44 (6): 1176 - 1191.

[73] Darpe AK. Coupled vibrations of a rotor with slant crack[J]. Journal of Sound and Vibration, 2007, 305 (1 - 2): 172 - 193.

[74] Darpe AK. Dynamics of a Jeffcott rotor with slant crack[J]. Journal of Sound and Vibration, 2007, 303 (1 - 2): 1 - 28.

[75] Lin YL, Chu FL. Numerical and experimental investigations of flexural vibrations of a rotor system with transverse or slant crack [J]. Journal of Sound and Vibration, 2009, 324 (1 - 2): 107 - 125.

[76] Lin YL, Chu FL. The dynamic behavior of a rotor system with a slant crack on the shaft [J]. Mechanical Systems and Signal Processing, 2010, 24 (2): 522 - 545.

[77] Jun OS, Gadala MS. Dynamic behavior analysis of cracked rotor[J]. Journal of Sound and Vibration, 2008, 309 (1 - 2): 210 - 245.

[78] Andrier B, Garbay E, Hasnaoui F, et al. Investigation of helix – shaped and transverse crack propagation in rotor shafts based on disk shrunk technology[J]. Nuclear Engineering and Design, 2006, 236 (4): 333 - 349.

[79] Darpe AK, Gupta K, Chawla A. Dynamics of a two – crack rotor[J]. Journal of Sound and Vibration, 2003, 259 (3): 649 - 675.

[80] Sekhar AS, Mohanty AR, Prabhakar S. Vibrations of cracked rotor system: transverse crack versus slant crack[J]. Journal of Sound and Vibration, 2005, 279 (3 - 5): 1203 - 1217.

[81] Sinou JJ. Effects of a crack on the stability of a non – linear rotor system[J]. International Journal of Non – Linear Mechanics, 2007, 42 (7): 959 - 972.

[82] Sinou JJ. Experimental study on the nonlinear vibrations and nX amplitudes of a rotor with a transverse crack[J]. Journal of Vibration and Acoustics – Transactions of the Asme, 2009, 131 (4).

[83] Dong GM, Chen J. Crack identification in a rotor with an open crack[J]. Journal of Mechanical Science and Technology, 2009, 23 (11): 2964 - 2972.

[84] Dong GM, Chen J, Zou J. Parameter identification of a rotor with an open crack[J]. European Journal of Mechanics a – Solids, 2004, 23 (2): 325 - 333.

[85] Green I, Casey C. Crack detection in a rotor dynamic system by vibration monitoring – Part I: A-

nalysis[J]. Journal of Engineering for Gas Turbines and Power – Transactions of the Asme, 2005, 127 (2): 425 – 436.

[86] Ishida Y, Inoue T. Detection of a rotor crack using a harmonic excitation and nonlinear vibration analysis[J]. Journal of Vibration and Acoustics – Transactions of the Asme, 2006, 128 (6): 741 – 749.

[87] Prabhakar S, Mohanty AR, Sekhar AS. Crack detection by measurement of mechanical imped- ance of a rotor – bearing system[J]. Journal of the Acoustical Society of America, 2002, 112 (6): 2825 – 2830.

[88] Sekhar AS. Detection and monitoring of crack in a coast – down rotor supported on fluid film bear- ings[J]. Tribology International, 2004, 37 (3): 279 – 287.

[89] Chasalevris AC, Papadopoulos CA. Identification of multiple cracks in beams under bending[J]. Mechanical Systems and Signal Processing, 2006, 20 (7): 1631 – 1673.

[90] Davidson JK, Wilcox LE. Minimizing assembly runout in turbo – machines made with curvic cou- plings[J]. Journal of Engineering for Power – Transactions of the Asme, 1976, 98 (1): 37 – 46.

[91] Bickford JH. Introduction to the design and behavior of bolted joints. 4th ed. [M]. New York: CRC Press, Taylor & Francis Group, 2007.

[92] Huang YH, Liu L, Yeung TW, et al. Real – time monitoring of clamping force of a bolted joint by use of automatic digital image correlation[J]. Optics and Laser Technology, 2009, 41 (4): 408 – 414.

[93] Alkelani AA, Nassar SA, Housari BA. Formulation of elastic interaction between bolts during the tightening of flat – face gasketed joints[J]. Journal Of Mechanical Design, 2009, 131 (2).

[94] Nassar SA, Alkelani AA. Clamp load loss due to elastic interaction and gasket creep relaxation in bolted joints[J]. Journal of Pressure Vessel Technology, 2006, 128 (3): 394 – 401.

[95] Nassar SA, Alkelani AA, Asme. Elastic interaction between fasteners in gasketed bolted joints [C]. Proceedings of the ASME Pressure Vessels and Piping Conference 2005, Vol 2, 2005: 155 – 168.

[96] Abid M, Hussain S. Bolt preload scatter and relaxation behaviour during tightening a 4 in – 900# flange joint with spiral wound gasket[J]. Proceedings of the Institution of Mechanical Engineers Part E – Journal of Process Mechanical Engineering, 2008, 222 (E2): 123 – 134.

[97] Abid M, Nash DH. Structural strength: Gasketed vs non – gasketed flange joint under bolt up and operating condition[J]. International Journal of Solids and Structures, 2006, 43 (14 – 15): 4616 – 4629.

[98] Nassar SA, Wu Z, Yang X. Achieving uniform clamp load in gasketed bolted joints using a nonlinear finite element model[J]. Journal of Pressure Vessel Technology – Transactions of the Asme, 2010, 132 (3).

[99] Abasolo M, Aguirrebeitia J, Aviles R, et al. A tetraparametric metamodel for the analysis and design of bolting sequences for wind generator flanges [J]. Journal of Pressure Vessel Technology – Transactions of the Asme, 2011, 133 (4).

[100] Fukuoka T, Takaki T. Finite element simulation of bolt – up process of pipe flange connections [J]. Journal of Pressure Vessel Technology, 2001, 123 (3): 282 – 287.

[101] Fukuoka T, Takaki T. Finite element simulation of bolt – up process of pipe flange connections with spiral wound gasket[J]. Journal of Pressure Vessel Technology, 2003, 125 (4): 371 – 378.

[102] Takaki T, Fukuoka T. Effective bolting up procedure using finite element analysis and elastic interaction coefficient method[J]. ASME Conference Proceedings, 2004, 2004 (46733): 155 – 162.

[103] Czachor RP. Unique challenges for bolted joint design in high – bypass turbofan engines[C]. 49th Gas Turbine Conference (TURBO EXPO 04), Vienna, AUSTRIA, 2004: 240 – 248. 10. 1115/1. 1806453.

[104] Choudhury MR, Quayyum S, Amanat KM. Modeling and analysis of a bolted flanged pipe joint subjected to bending[C]. WSEAS Conference on Computational Engineering in Systems Applications, Heraklion, GREECE, 2008: 256 – 261.

[105] 吴建国. 端齿连接转子轴向预紧力的研究[D]. 北京：北京航空航天大学，1994.

[106] 胡柏安. 端齿连接转子轴向松弛力(压紧力)的三维有限元分析. 中国航空学会第九届航空发动机结构强度振动学术会议论文集，1998.

[107] 胡柏安，尹泽勇，徐友良. 两段预紧的端齿连接转子轴向预紧力的确定[J]. 机械强度，1999，(4).

[108] 尹泽勇，胡柏安，吴建国，等. 端齿连接转子轴向预紧力的确定[J]. 航空动力学报，1996，(4).

[109] 尹泽勇，胡柏安，吴建国，等. 端齿连接转子轴向松弛力(压紧力)计算[J]. 航空学报，1996，(5).

[110] 尹泽勇，欧园霞，胡柏安，等. 端齿连接及变轴力的影响[J]. 航空动力学报，1994，(2).

[111] Yuan SX, Zhang YY, Fan YG, et al. A method to achieve uniform clamp force in a bolted rotor with curvic couplings[J]. Proceedings of the Institution of Mechanical Engineers Part E –

Journal of Process Mechanical Engineering, 2016, 230 (5): 335 – 344.

[112] Jiang X, Li Z, Wang Y, et al. Self – loosening behavior of bolt in curvic coupling due to materials ratcheting at thread root[J]. Advances in Mechanical Engineering, 2019, 11 (5).

[113] Jiang XJ, Li Z, Wang YP, et al. Self – loosening behavior of bolt in curvic coupling due to materials ratcheting at thread root[J]. Advances in Mechanical Engineering, 2019, 11 (5): 16.

[114] Jiang XJ, Zhu YS, Hong J, et al. Investigation into the loosening mechanism of bolt in curvic coupling subjected to transverse loading [J]. Engineering Failure Analysis, 2013, 32: 360 – 373.

[115] Jiang XJ, Zhu YS, Hong J, et al. Development and Validation of Analytical Model for Stiffness Analysis of Curvic Coupling in Tightening[J]. Journal of Aerospace Engineering, 2014, 27 (4): 14.

[116] Jiang XJ, Zhu YS, Hong J, et al. Stiffness Analysis of Curvic Coupling in Tightening by Considering the Different Bolt Structures [J]. Journal of Aerospace Engineering, 2016, 29 (3): 14.

[117] 吴鸿雁, 李剑锋, 王青云, 等. 端面弧齿齿盘的齿面方程及齿面磨削加工仿真[J]. 机械传动, 2007, (3).

[118] Tsai Y – C, Hsu W – Y. A study on the CAD/CAM of curvic couplings[J]. ASME Conference Proceedings, 2002, 2002 (36088): 1157 – 1162.

[119] 黄伯云, 李成功, 石力开, 等. 中国材料工程大典 第4卷 有色金属材料工程(上)[M]. 北京: 化学工业出版社, 2006.

[120] 徐自力, 艾松. 叶片结构强度与振动[M]. 西安: 西安交通大学出版社, 2018.

[121] 沈鋆, 刘应华. 压力容器分析设计方法与工程应用[M]. 北京: 清华大学出版社, 2016.

[122] 全国锅炉压力容器标准化技术委员会. 钢制压力容器——分析设计标准: JB 4732—1995 (R2005)[S]. 北京: 中国标准出版社, 2005.

[123] Vessels ABaPVCoP. ASME Boiler and Pressure Vessel Code An International Code Ⅷ – Division 2: Alternative Rules[S]. New York, NY, USA: The American Society of Mechanical Engineers, 2019.

[124] 赵经文, 王宏钰. 结构有限元分析[M]. 3版. 北京: 科学出版社, 2001.

[125] Buchanan(著), 董文军, 谢伟松(译). 有限元分析[M]. 北京: 科学出版社, 2002.

[126] 彼得·艾伯哈特, 胡斌. 现代接触动力学[M]. 南京: 东南大学出版社, 2003. 6.

[127] 陈怀国. 基于Pro/ENGINEER的端面齿精确建模[J]. 机械制造与自动化, 2008, (5).

[128] Johnson KL. Contact mechanics[M]. Cambridge, UK.: Cambridge University Press, 1985.

[129] 钟一谔, 何衍宗, 王正, 等. 转子动力学[M]. 北京: 清华大学出版社, 1987.

[130] Ottarsson G, Pierre C. A transfer matrix approach to free vibration localization in mistuned blade assemblies[J]. Journal of Sound and Vibration, 1996, 197 (5): 589 – 618.

[131] Wei ST, Pierre C. Localization phenomena in mistuned assemblies with cyclic symmetry. 1. Free – vibrations[J]. Journal of Vibration Acoustics Stress and Reliability in Design – Transactions of the Asme, 1988, 110 (4): 429 – 438.

[132] Wei ST, Pierre C. Localization phenomena in mistuned assemblies with cyclic symmetry. 2. Forced vibrations[J]. Journal of Vibration Acoustics Stress and Reliability in Design – Transactions of the Asme, 1988, 110 (4): 439 – 449.

[133] 王红建. 复杂耦合失谐叶片——轮盘系统振动局部化问题研究[D], 2006.

[134] Kumakura S, Saito K. Tightening sequence for bolted flange joint assembly[J]. ASME Conference Proceedings, 2003, 2003 (16982): 9 – 16.